原発を阻止した地域の闘い

《第一集》

日本科学者会議　編

まえがき

２０１５年８月、九州電力は、鹿児島・川内原発を再稼働しました。２０１１年３月11日の福島第一原発事故以来、新規制基準に基づく審査を経た原発としては初めてです。もっとも、原子力規制委員会の判断は、あくまでも新規制基準に照らしてのみのことです。したがって、規制委員会も認める通り、事故が起きないことを保証するものではありません。また、事故が発生した際の住民の避難計画や当該施設及び被害地域の復旧・復興については、特段の言及もありません。政府にいたっては、規制委員会のこのレベルの判断に「政治的判断」を加味することすら行っていません。「安全第一」「世界一の規制基準」とは空念仏です。結局のところ、責任主体は不明のままです。

一方で、経済成長のためには原発稼働は不可欠だ、との神話がばらまかれています。さすがに、福島原発事故以後のことですから、「安全神話」はそのままでは通用しません。そこで、押し出された意匠が「リスク・ベネフィット」論です。「経済成長が最も大事なことだ、多少のリスクはお金で我慢してもらう」、これがリスク・ベネフィット論者の言い分です。もちろん、これは新手ではありません。沖縄基地問題で政府が一貫して採用してきた政策基調と同一です。このことはまた、安保法制策定やＴＰＰ交渉など重要課題にも看取できます。

しかし、２０１４年12月の総選挙で、沖縄県民は全国に先駆けて、「リスク・ベネフィット論・ノー」の意志を明確にしました。その基軸は、「リスクを伴わないベネフィットの探求です。しかも当然のことに、そのベネフィットは、ひも付き（あるいは密約）ではなく、公明正大なもの、したがって自立を希求することに相応しいものでなければなりません。「持続可能な社会」創造への転換が不可欠であることは明確です。

翻って、原発立地の歴史を見てみましょう。すると、原発誘致の策動を、ジグザグはありながらも最終的に跳ね返した地域住民の闘いが見えてきます。政府の大方針の下、電力会社が地元の自治体や漁協などを巻き込みながらの、それこそ札束と恫喝にものを言わせての攻勢に対して、住民が祖先の歴史継承と子孫の将来存続を見据えて、生存権を確かめ合いながら、徐々に反転攻勢を組んで行く闘いの日々は感動的ですらあります。そして、その地域の現在の姿はどうか。

本書はこの記録の第一集です。記録は、日本科学者会議月刊誌『日本の科学者』に連載されました。もちろん、本書を編むにあたり、アップツーデートになるように加筆していただいております。編集委員会は、闘いに参加された方々がお元気の間の聞き取りが急務であるとの思いで現在も続編の作業を進めています。

本書の記録の一読者が「本当に悔しい、あの時、阻止の運動が成功していれば」と語っています。原発事故で避難中の福島県浪江町の元漁師です。本書を手にされた読者の方で、「自分の地元にもこういう話はあった」と思い起こされる方は、どうぞ、編集委員会にご一報願います。また、原発被害が他人事でないいま、読後の論評をお待ちしています。

編集にご尽力いただきました方々、執筆者をはじめ、牛田憲行、中須賀徳行の各氏、それに本の泉社には、特に感謝申し上げます。

『日本の科学者』編集委員会委員長　伊藤宏之

『原発を阻止した地域の闘い』 第一集 レポート収録地点図

①. **三重県　南島町 芦浜**
芦浜原発を止めた小さな町の記録

②. **四国と和歌山**
四国と和歌山県における原発立地を断念させた運動の歴史

③. **石川県　珠洲市**
住民運動・科学者運動はいかに原発建設と対峙したか　つくられた志賀原発と中止させた珠洲原発
石川県での経験

④. **大阪府 高槻市 阿武山**
科学者と住民運動の連携　阿武山研究用原子炉設置計画撤回の歴史から

⑤. **山口県　上関町**
上関原発計画の現段階と諸問題

⑥. **岡山県　日生町**
日生町における原発立地阻止の運動と地域の現状

⑦. **宮崎県　串間市**
九州電力の串間原発計画を阻止　住民運動と
自治体民主化の結合

⑧. **高知県**
土佐佐賀町と窪川町での闘い

⑨. **鳥取県　青谷町　気高町**
青谷・気高 原発立地阻止運動を振りかえって

⑩. **福井県　小浜市**
「美しい若狭を守ろう」と原発と貯蔵施設を拒否
しつづけた小浜市民の大きなたたかい

⑪. **資料 1**
福島第一原発事故による宮城県周辺の放射能汚染分布

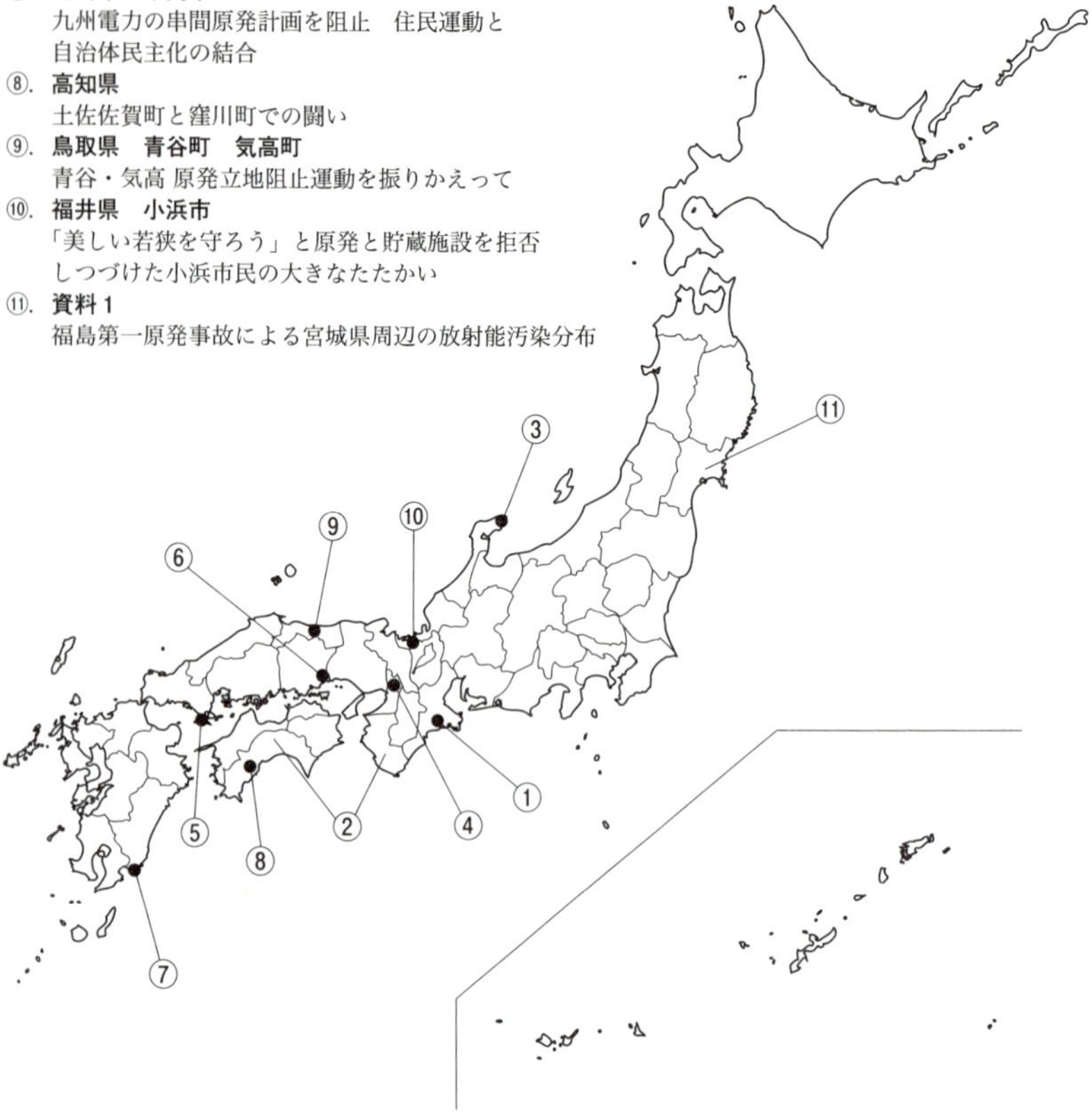

芦浜原発「漁協総会実力阻止」1994 年 12 月 15 日　古和浦漁協前に集結した 2000 人の南島町民　中央に取り囲まれた警官隊が見える／海の博物館 資料

芦浜原発「長島事件」1966 年 9 月 19 日　国会議員を乗せた巡視船を包囲する南島漁民／東芳平さん撮影　北村博司「原発を止めた町」現代書館 所収写真

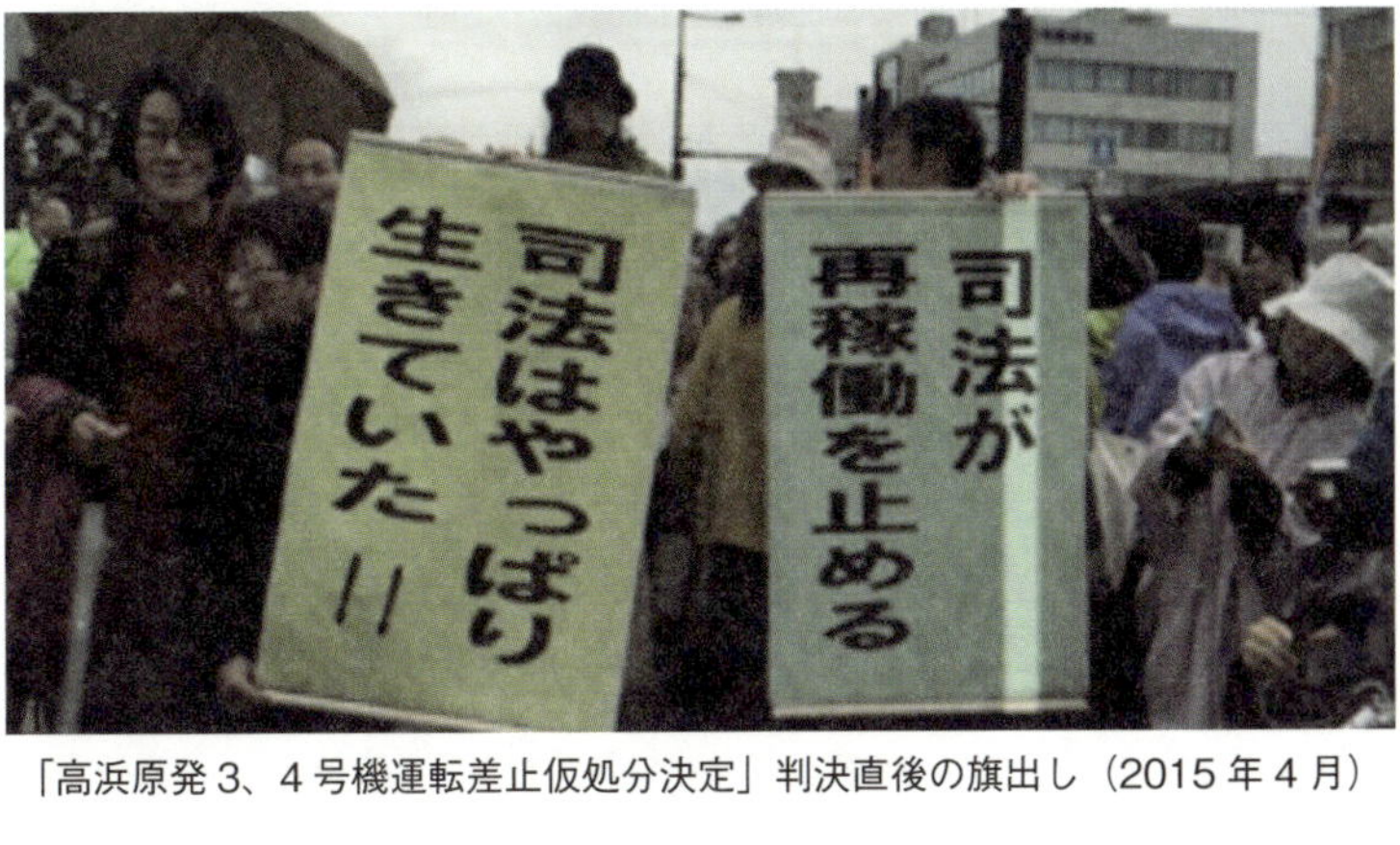

「高浜原発 3、4 号機運転差止仮処分決定」判決直後の旗出し（2015 年 4 月）

原子炉設置反対運動を報道する京阪新聞（1957年）

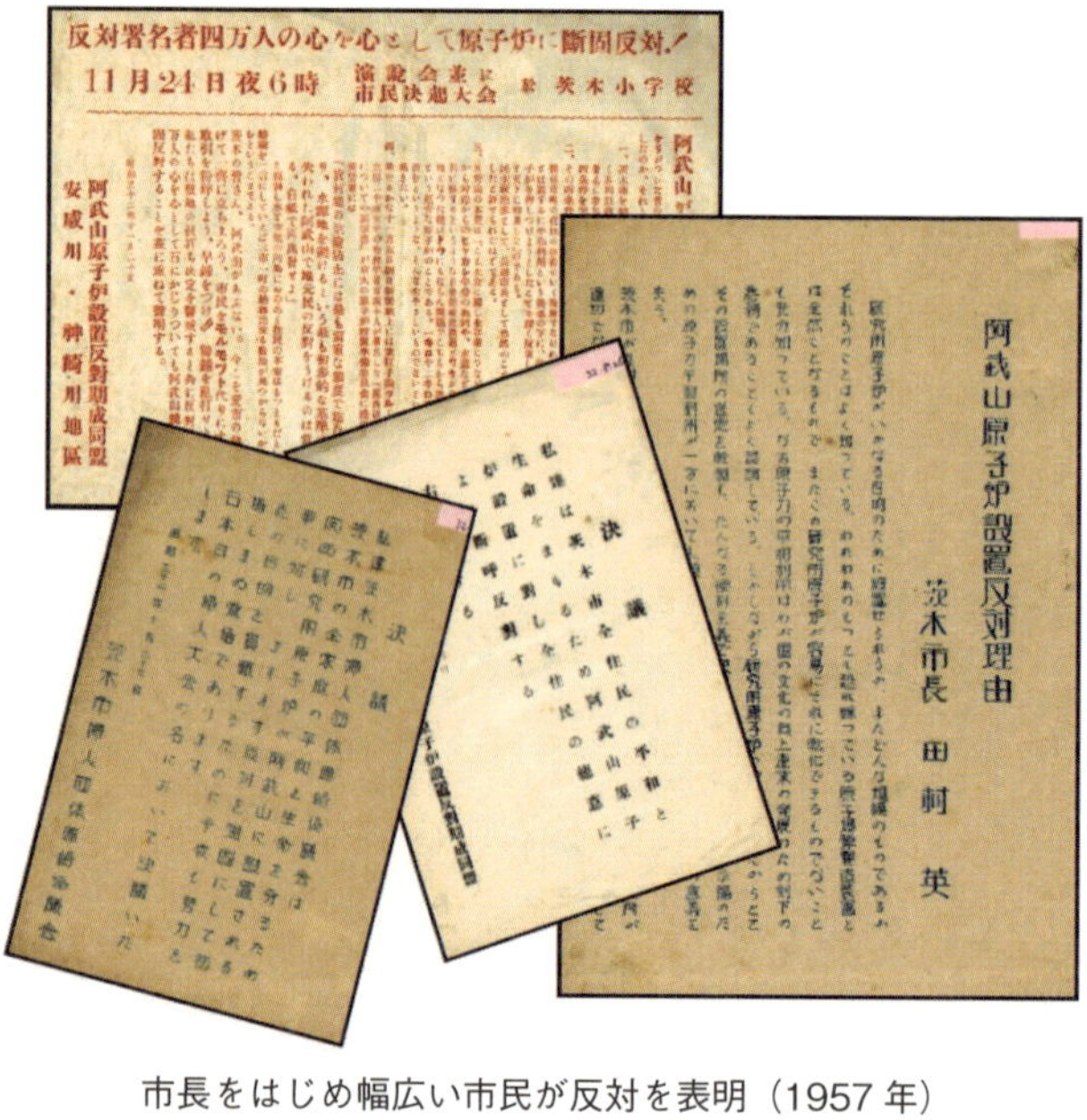

市長をはじめ幅広い市民が反対を表明（1957年）

日生港に停泊する小型機船底曳網漁船（板曳網）と日生町漁協（2005 年 10 月）

写真の右半分が鹿久居島で、その上部の岬のところが原発予定地でした。
写真の左下が日生の街で、左上部は兵庫県赤穂市です。橋は日生大橋で、2015 年 4 月に開通したもので、海に浮かぶ筏はカキ養殖筏です。（2015 年）

高屋の漁港 原発建設が問題になった際、石川県が特別に整備したといわれる（2015 年 8 月）

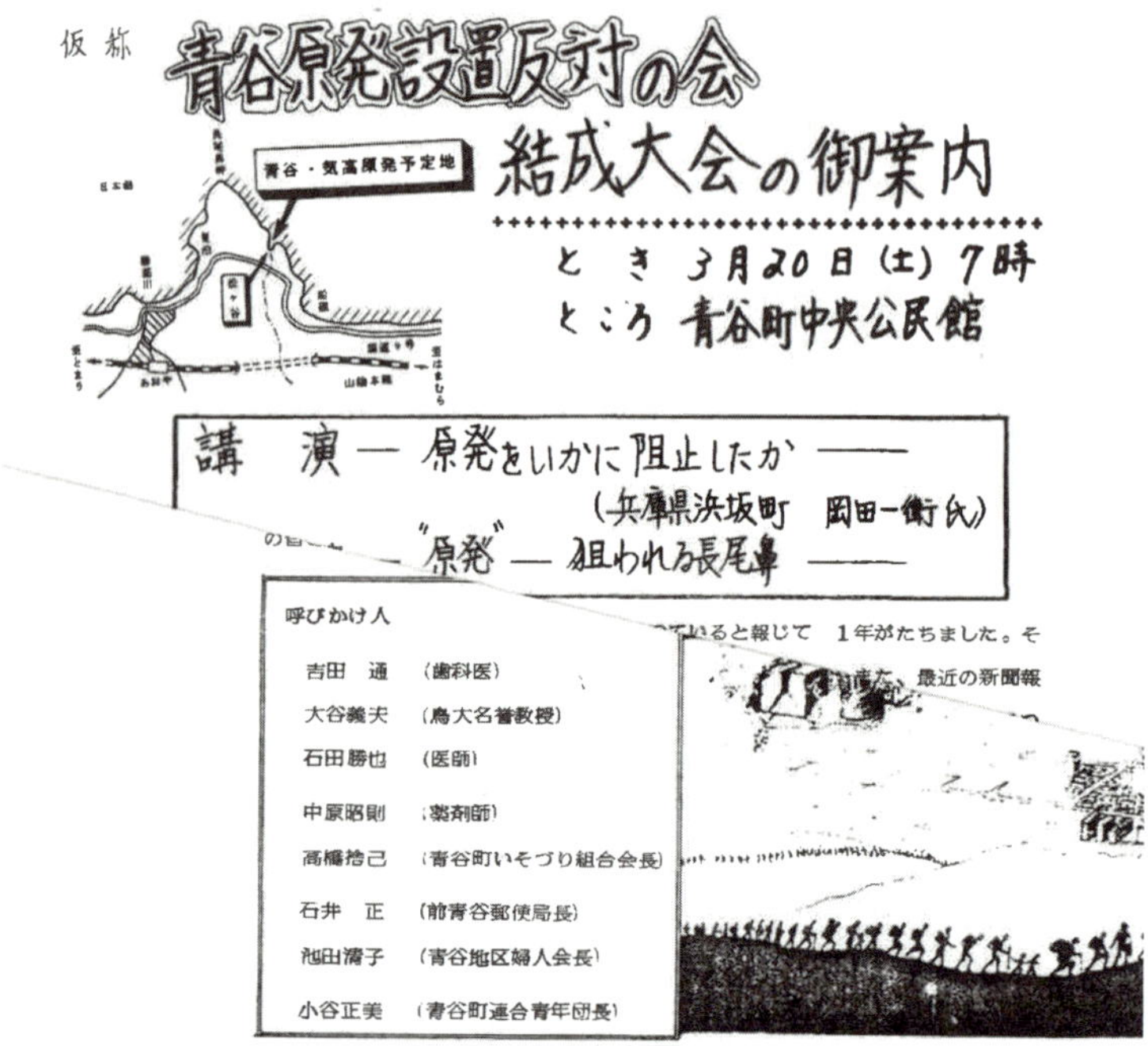
仮称 青谷原発設置反対の会

結成大会の御案内

とき　3月20日（土）7時

ところ　青谷町中央公民館

講　演 — 原発をいかに阻止したか ——

（兵庫県浜坂町　岡田一衛氏）

"原発" — 狙われる長尾鼻 ——

呼びかけ人

吉田　通　（歯科医）

大谷義夫　（鳥大名誉教授）

石田勝也　（医師）

中原昭則　（薬剤師）

高橋捨己　（青谷町いそづり組合会長）

石井　正　（前青谷郵便局長）

池田清子　（青谷地区婦人会長）

小谷正美　（青谷町連合青年団長）

ているると報じて　1年がたちました。そ

最近の新聞報

「青谷原発設置反対の会」結成大会のチラシ（一部）

共有地でのクヌギなどの苗木植栽とサツマイモ収穫に参加した人たち（2012年10月）

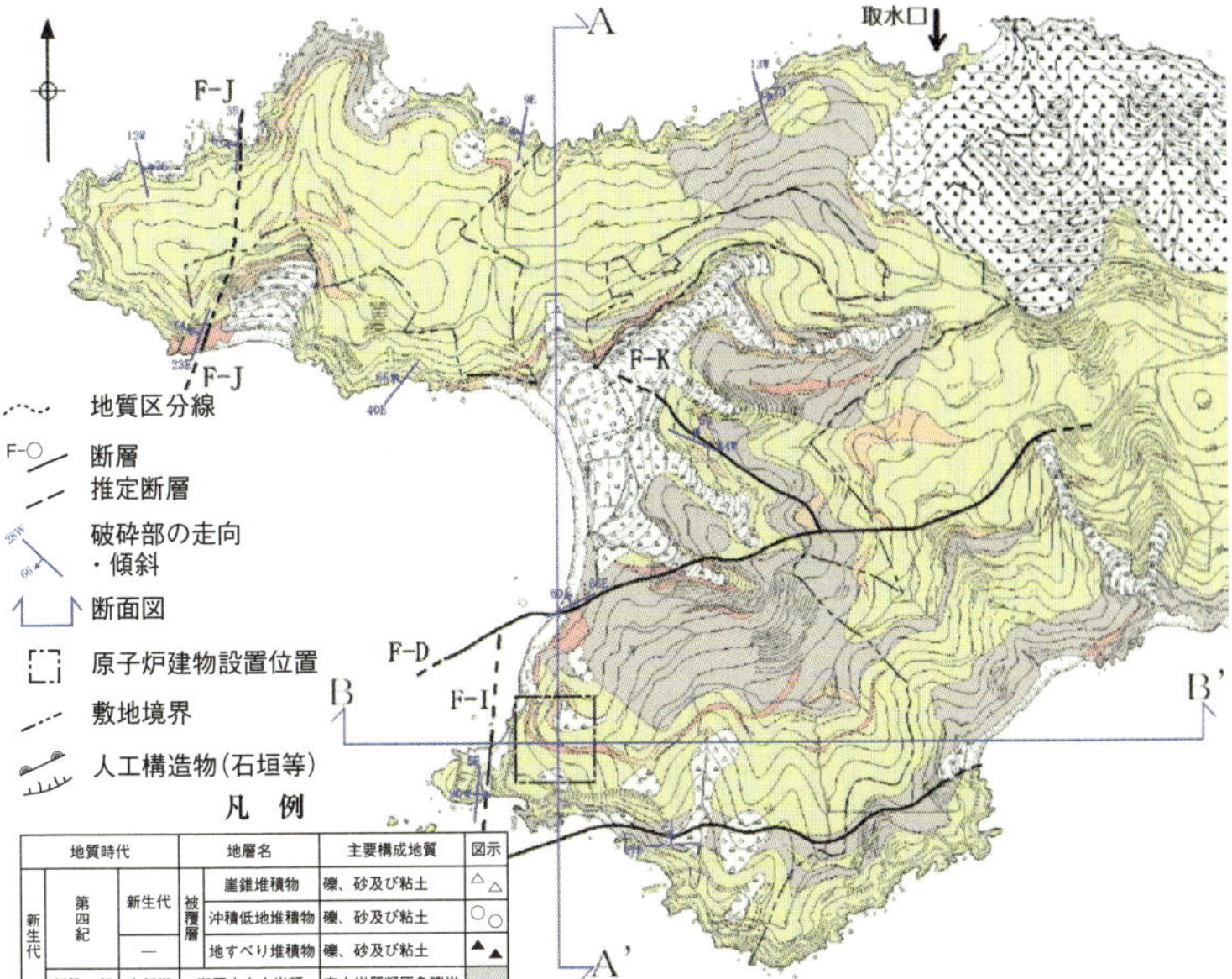

地質時代			地層名		主要構成地質	図示
新生代	第四紀	新生代	被覆層	崖錐堆積物	礫、砂及び粘土	△△
				沖積低地堆積物	礫、砂及び粘土	○○
		—		地すべり堆積物	礫、砂及び粘土	▲▲
	新第三紀	中新世	瀬戸内火山岩類		安山岩質凝灰角礫岩	
中生代	白亜紀		領家古期花崗岩		優白質花崗岩	
					優黒質花崗岩	
			領家変成岩		縞状片麻岩（泥質）	
					縞状片麻岩（珪質）	
					塩基性片麻岩	

上関原発予定地の地質図（本文 88 頁の図 2）

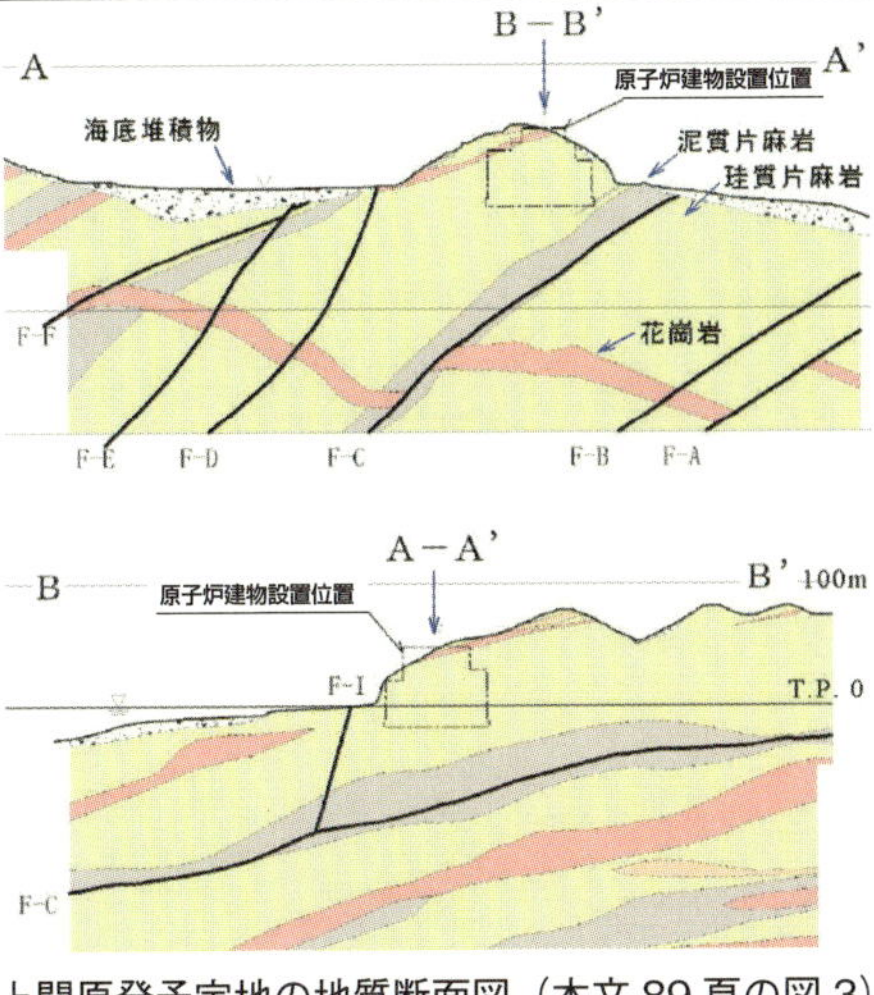

上関原発予定地の地質断面図（本文 89 頁の図 3）

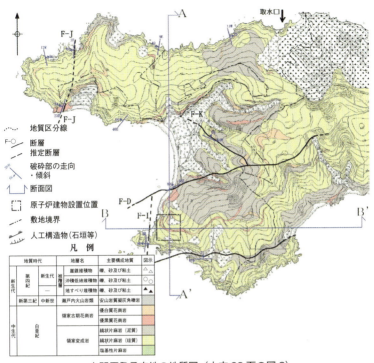

福島第一原発事故による宮城県周辺の放射能汚染マップ１

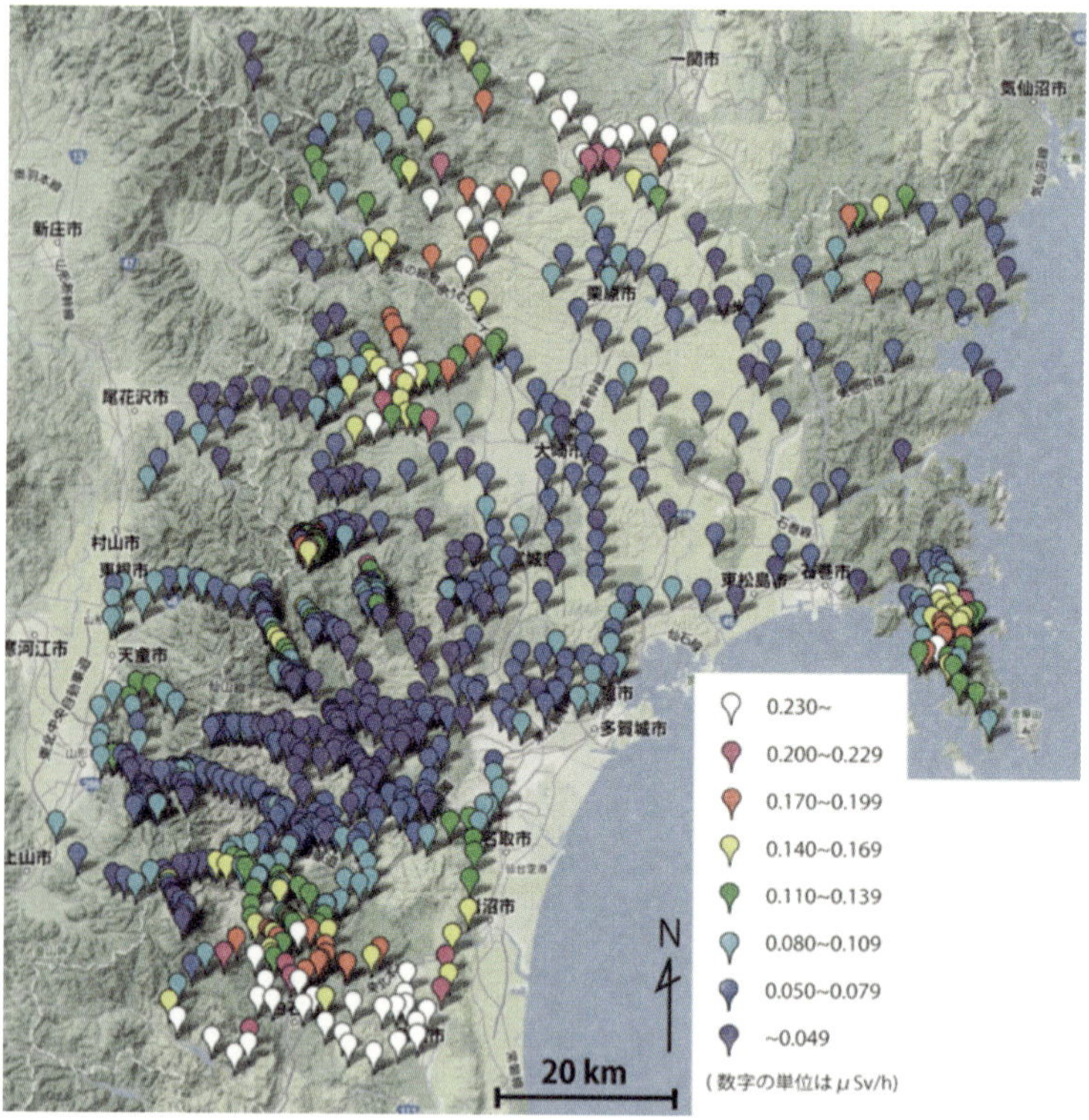

本研究による測定地点の分布。草地の上１mで測定した線量率を示す。自治体による調査において測定数が少ない山間部を重点的に測定した。栗駒山、船形山、熊野岳などの宮城県における主要な山地では山頂まで赴き測定を行っている。測定は2012年４月から2013年８月までの期間で実施。作成にはgoogle mapを使用。

福島第一原発事故による宮城県周辺の放射能汚染マップ２

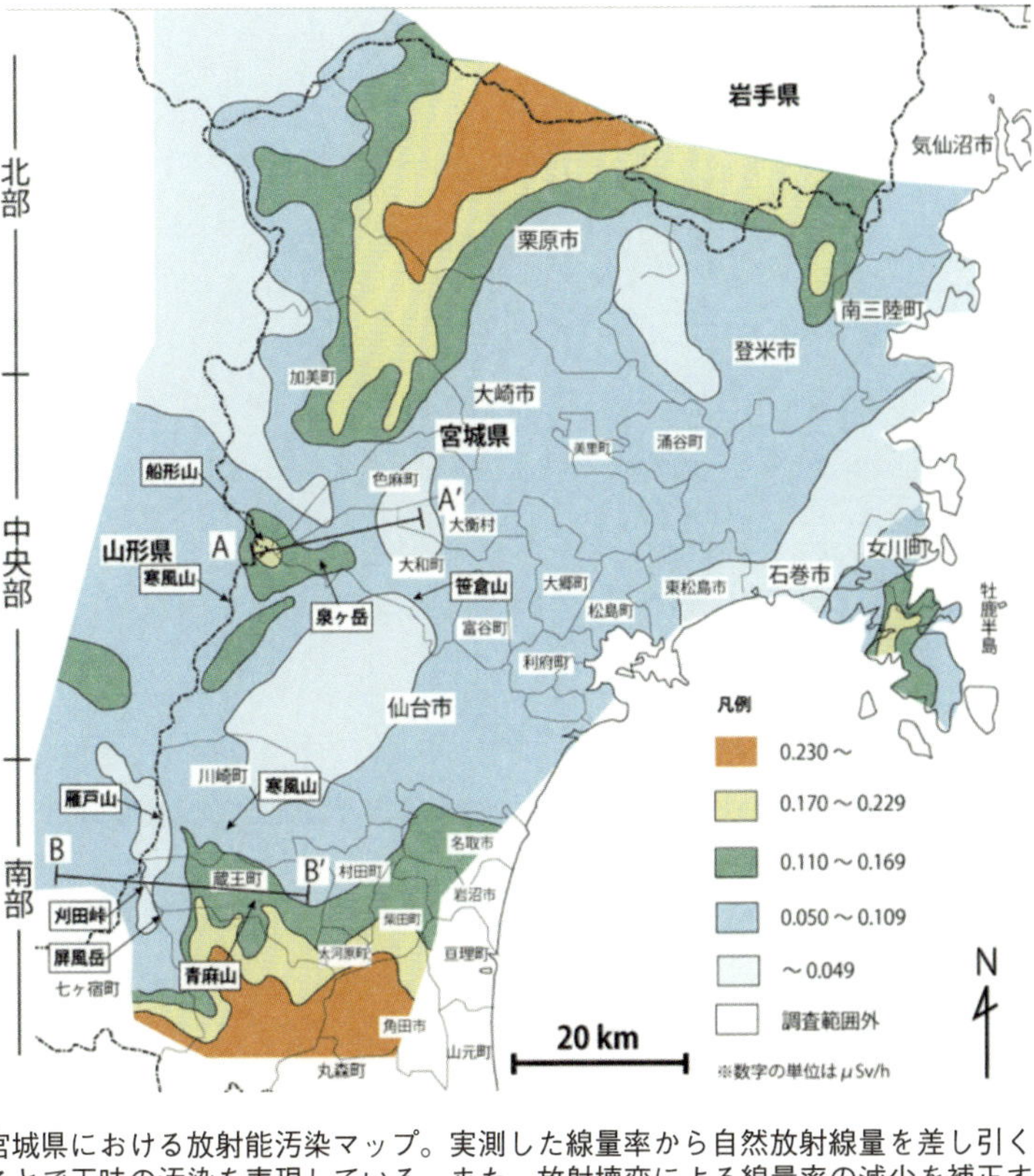

宮城県における放射能汚染マップ。実測した線量率から自然放射線量を差し引くことで正味の汚染を表現している。また、放射壊変による線量率の減少を補正することで 2012 年時点の汚染分布を再現した。

目次

三重県南島町

芦浜原発を止めた小さな町の記録

柴原洋一

紀伊半島の海辺から

福島原発事故から4年半が過ぎようとしている。だが、事故は収束などほど遠く、汚染源である溶け落ちた炉心すら回収できない。いまだに放射性物質は漏れ続け、大地も海も汚染されたままであり、国家は人びとの被曝を止めようとはしない。

起きたこと、起きていることは、事故などではなく、犯罪事件だという主張は至当である。しかし、罪を問われるべき東電と政府の者たちは、いまも野に放たれたままだ。

しかも、あろうことか、執拗に原発を推進しようとしている。それもこれも金と核武装のためとは！　生命をないがしろにする原子力利権共同体の蛮行が、人びとを欺いて堂々とまかり通っていく。この黒い共同体に立ち向かうには、私たちただの市民は愚かで無力に過ぎるのだろうか。

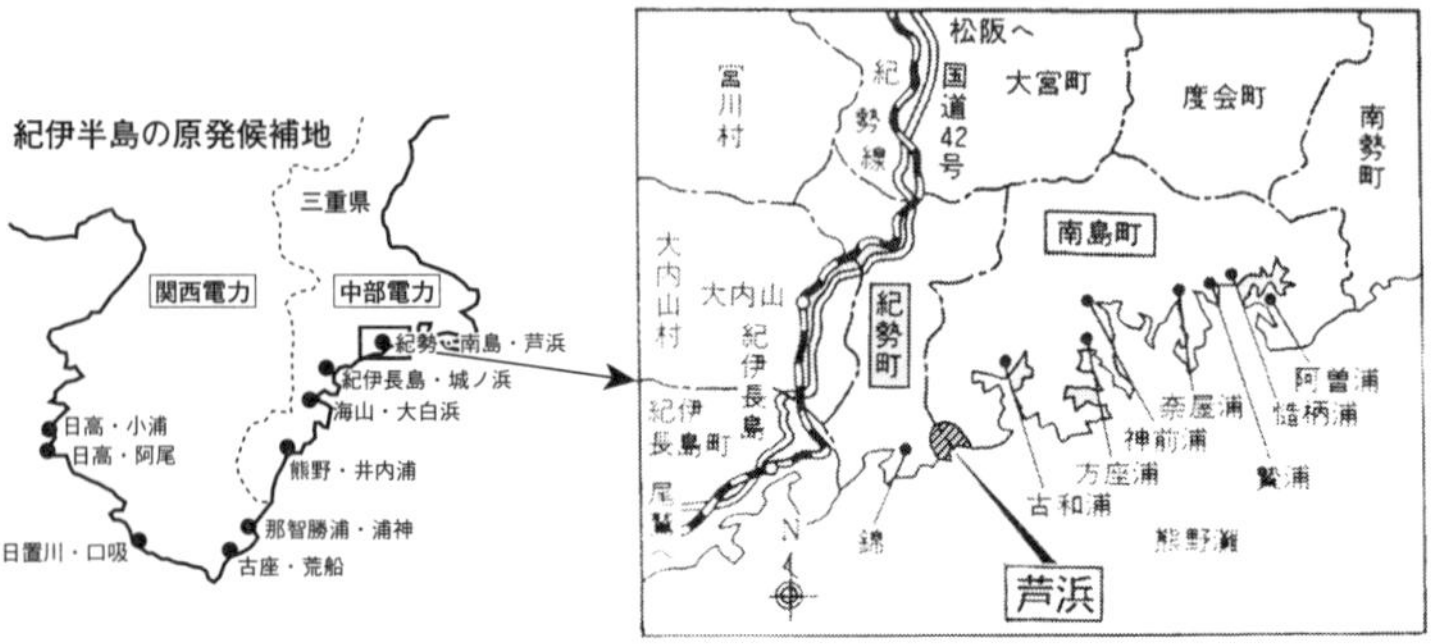

図　芦浜原発周辺地図（地名は当時の表現）

「そんなこと、あるもんか。あかんもんは、あかん。命賭けて、止めるんや」

後ろ向きになりそうな心に、紀伊半島の海辺から力強い声たちが響いてくる。人はそのなかから、三重県南島町《なんとう》の声を聞き分けるかもしれない。

かつて紀伊半島には、９地点もの原発候補地があった。いまこの本州最大の半島には一基の原発もない。地元に生きる人びとの思いと行いが、建設を許さなかったのだ。阻止した地点の一つに、芦浜《あしはま》がある。

37年の戦いをたどる

１９６３年という日本の原子力開発の初期に、熊野灘の他の2地点とともに、中部電力芦浜原発計画は公表された。日本初の商業用原発である東海原発が運転を開始するまで、まだ3年を待たねばならなかった。

地域住民は、日本の反原発闘争として最長の37年間を戦って、２０００年、ついに計画を破棄させた。利権共同体の金の力と権力とを押し返したのである。

芦浜で人びとはいかに戦ったか。本稿は、初めて芦浜を知る人びとに向けて37年の歴史を簡潔に辿り直すものである。

まず、理解を助けるために、37年を3期に区分する。芦浜原発計画が公表された1963年（11月）から、当時の田中覚知事が「終止符宣言」した67年（9月）までの4年間が「第1回戦」。続く約15年は「休戦期」にあたるが、水面下で中電の攻勢が続いた。田中知事を継いだ田川亮三知事が計画を再開した1984年から、さらに次の北川正恭知事が計画を「白紙撤回」させ、南島町民が勝利した2000年2月までが「第2回戦」となる。

豊かな海に生きる

芦浜への陸路は徒歩しかない。大都市から遠く、人里から隔絶され、山が屏風のように囲む無人の浜辺。それは原発推進者にとって夢の計画地であっただろう。

浜は二つの町に跨がる。東が南島町、1960年代当時の人口1万5000人。西が紀《き》勢《せい》町、6700人。前者が原発反対の町であり、後者は推進だった。

日本三大漁場の一つ、熊野灘が芦浜の前に広がる。南島には漁村が七つ、紀勢には一つ。各漁村の地域社会は漁業協同組合（漁協）が束ねていた。選挙で選ばれる組合長は、各漁村の代表であり指導者でもあった。第1回戦の先頭に立ったのが南島の組合長たちであり、「七人の侍」と呼ばれた。

南島7漁協のなかで最西端にあるのが古和浦《こわうら》漁協だ。紀勢には錦《にしき》漁協があった。この二つの漁協だけが、芦浜の海に漁業権を持っていた。紀勢町側は、議会が誘致決議をあげ、錦漁協は推進に傾き、南島との溝を深めていった。

安全なものなら都会へもっていけ

漁民はなぜ原発に反対したか。南島では、古和浦が最初の反対決議をあげた。

【古和浦漁業協同組合原発反対決議提案理由書 昭和39年（1964年）2月23日】（傍線は筆者）

1．原子力発電所は未だ実験段階ともいわれ、未解明な点も多い。万一を考えて辺地を選んだと思われる。

2．放射能による海の汚染、大量の冷却水による水産資源への影響が考えられる。

3．放射能による人体への影響も考えられる。また魚に蓄積されるようである。

4．廃棄物の処理は完全ではなく、問題は多いようである。

5．全国的にも有名な熊野灘漁場を犠牲にしてまで建設させる必要はない。

「万一を考えて」とは事故のことだ。温廃水による漁場破壊や放射性物質の生物濃縮を指摘し、ゆきどころのない核廃棄物問題も把握している。これらを読めば人は驚くことだろう。すでに半世紀も前に、原子力発電の本質を見抜いていたのである。世論調査をすれば原発反対は3％という時代であった。

ほぼ漁民だけの戦いだった1回戦では「漁場を守れ」と叫び、女性が前面に出てきた2回戦では「子どもたちを守れ」と訴えた。

それとともに、漁民たちは原発推進のなかに差別の臭いを嗅ぎ当てていた。筆者が初めて南島町を訪れた1980年、方座浦《ほうざ》の入り口に看板が立っていた。

「安全なものなら都会へもっていけ」

原子力利権屋たちの思い上がりを見抜いた言葉ではないか。そして、これを超える原発拒否の論理をいまだ聞かない。

町が一つになった

第1回戦。戦いに奇抜な戦術も奥の手もなかった。デモと集会と抗議・要求を繰り返した。400隻の漁船による日本初の海上パレードを実施。2000人の抗議集会を行い、知事と県議会に計画破棄を要求した。

1963年公表の候補地点は、芦浜を含む三つだった。知事や中電は3地点を競り合わせることで、建設を容易にしようとしたようだ。やがて、候補地は本命であったと思われる芦浜に絞られた。

古和浦漁協を先頭に、町内7漁協が団結した。すぐに町議会が反対決議を挙げた。原発賛成の町長を辞めさせた。南島だけで3000人の住民大会を開き、体を張ってでも止める決意をこめて「原発実力阻止」の方針を決議した。

その後に繰り返された抗議、要望、陳情だけでも、4年間で約40回を数える。対象は、行政、県議会、国会議員、中電、そして時には紀勢町や報道機関へも及んだ。これに延べ数千人を数えた県議会傍聴行動が加わる。

「節目節目で抗議や要求の文書を渡しておくのが大事や。その積み重ねがあとから生きてくるんや」とは、七人の侍の一人が実感をこめて語った言葉である。

南島町にできた闘争組織を、原発反対対策協議会という。略して原対協。町会議員と漁協幹部と町執行部でつくる。事務局は役場に置いて町予算から闘争資金が拠出された。変則的ともいえるこの組織が、挙町一致の反対闘争を象徴していた。

海洋調査をやらせたら負ける

南島の強硬な反対を前にしても、中電は立地工作を続けた。65年には秘密裏に用地買収を完了する。全漁協が、町議会が、そして町長が、原発拒否を表明しても、国、県、中電という推進勢力は無視して手続きを進めていく。なぜそんなことができるのか。

原発建設の法的な手続きでは、建設したい側から言えば、関門が二つある。「海洋調査許可」と「建設許可」だ。調査は当該漁協の同意がないとできない。同意には正組合員過半数の賛成が必要だ。

調査をクリアすれば、電力会社は、通産大臣（当時）に建設の許可申請を行う。大臣は、県知事の同意を得て許可を与える。言い方を変えれば、拒否権を持つのは、当該漁協の正組合員と県知事の二者だけだ。

調査するのは電力会社自身だから、立地に不適という結論が出るはずがない。原発開発史において、用地を取得され、海洋調査が実施されて、原発が建たなかった場所は一つもない（上関や大間が例外となることを願う）。

福島原発事故によって12万人もが故郷を追われていることを想起されたい。にもかかわらず、原発という広範囲の生命に打撃を与える「放射能製造・排出工場」の建設について、漁協組合員を除いた地元の住民には、なんの権利もないのだ。町長にも町議会にも、法的には権限がない。もし県知事が原発推進ならば、あとは漁協が調査に同意するかどうかで勝負がつく。

海で戦う

芦浜闘争の死命を決した局面が二つある。第1回戦では、1966年9月19日に起きた

昭和 41 年南島町漁民の実力阻止行動（長島事件）

長島事件だ。

中電は用地を買収したが、南島の反対によって計画は停滞していた。こう着状態を切り開こうとした推進勢力は、国会議員団を芦浜視察に送り込んできた。その団長こそ、誰あろう日本に原発を持ち込んだ中曽根康弘だった。国会として原発建設にお墨付きを与えようとのもくろみであったのだろう。だが、北牟婁《きたむろ》郡長島町（当時）の港を出ようとした議員団の乗る海上保安庁の巡視船を、古和浦漁民が中心となって７００隻の漁船で取り囲み、実力で視察を阻止した。

この事件によって、古和浦漁民30人が逮捕され、25人が有罪となった。けれど、この必死の抵抗が、南島漁民の強固な反対意思を世に示し、状況を終結に向けて動かす力となった。平和な漁村で「縄付き（罪人）」までつくって原発を作らねばならないのか。世間は漁民に同情的であったと言われる。１９６７年、決め手を失った田中知事の「終止符宣言」によって第1回戦が漁民勝利に終わる。

原発汚職事件

しかし、中電は土地を持っていた。起死回生のチャンスを狙った。視察旅行という接待旅行や盆暮れの届け物など、第1回戦後、10年ほどのうちに南島紀勢両町の有権者の7割が接待を受けていたという。このとき中電が表に出て仕掛けてきたら危なかっただろう。さらに1977年、国は芦浜を「要対策重要電源」に指定したのだから、危機は迫っていたのだ。だが、同年、なんと紀勢町長が中電から機密PR費として300万円を受け取っていたことが発覚する。刑が確定し、推進工作はいったん頓挫することになる。

南島町方座浦では、かつて「決死隊」と呼ばれた若手漁民が、1回戦勝利後も警戒を緩めず、「有志会」と名を変えて組織を維持していた。ここから第2回戦の前段を主導する動きが生まれることになる。

第2回戦と女性たちの登場

国も県も中電もあきらめてはいなかった。田中知事を継いだ田川知事は電源立地の原則として「地域住民の同意と協力」を強調した。しかし、これは原発推進の布石だった。実際にはどれほど住民が不同意を示しても、同意が得られるまで押しつけようとしたのだから。

1984年、知事は3000万円の原発関連予算を計上する。第2回戦の「宣戦布告」

だった。南島はすぐさま闘争体制を築き、反撃を開始した。中心となったのは組合長や漁協幹部ではない。「第二世代」の漁民と女性のグループだった。「有志会」や「母の会」などの住民の自主的な組織が中心になった。

戦い方は第1回戦と変わらない。漁協と町議会の反対決議、反対集会とデモ、漁船団の海上パレード、中電・知事・県議会などへの抗議行動、抗議文書・要請文書の提出、これらが再び飽くことなく繰り返された。読者諸氏は、すべてが生業と生活を賭けた辛い行動であったことに留意されたい。

津市の県庁に対しても、名古屋の中部電力本店に対しても、数千人の町民がデモを行った。デモや集会には常に2000人、3000人が参加していた。当時約1万人の町で、これほどの人びとが参加したのである。

知事に続いて、県議会もまた南島町民に敵対する。1985年、南島町民の抗議を尻目に「芦浜原発調査推進決議」を強行可決した。「建設推進ではない。調査してから判断すればよい」とする欺瞞であった。これ以後、県行政は同決議を根拠として、実質的な反対派切り崩し工作を始める。

誰が地域を破壊したか

80年代後半、推進勢力は古和浦漁協への集中攻撃に移る。既述のごとく、法的には古和浦漁協の正組合員にしか決定権がない。県と中電は、組合員二百数十名だけに事を決めさせようとしたのだ。かれらにとっては、仮に組合員220人だとすれば、111人を抱き込めばよいのだ。金と権力を使った反対派切り崩しが始まった。

基幹産業であったハマチ養殖の不振による経済的苦境につけこまれた。中電社員ばかりか県庁職員まで古和浦に泊まり込み、一人ひとり組合員を陥落させ、推進派グループを作らせていった。漁協総会のたびに推進派が勢力を増し、拮抗してきた。30年近く反原発一枚岩でやってきた500軒ほどの小さな集落はどうなるのか。

夫婦、親兄弟、隣近所が相対立し、口もきかなくなった。平和だった村の人間関係はズタズタに破壊されていった。推進派から反対派への一方的な暴力事件も起きた。警察は何もしてくれなかった。

道で子どもがつまずいて倒れる。助け起こす前に「(推進派か反対派か)どっちの子だろう?」と思ってしまう。あるいは、正組合員の人数が両派拮抗しているので、相手派の誰かが亡くなったと聞いて拍手してしまっている自分に気づいて愕然とする。

これらを地域破壊と呼ばないとしたら、何が地域破壊であるか。古和浦に入り込んだ県職員たちは「地域振興部」に所属していた。町民は「やっていることは地域破壊部ではないか」と怒った。

第三世代と町民投票条例

93年、古和浦漁協は推進派組合員が多数となり、海洋調査受け入れは目前となってしまった。各漁協の自主性独立性を重んじる伝統社会において、他地区のことになかなか口を挟めない。有志会世代は、ここに至って決め手を欠いていた。

このとき、反対派「第三世代」の青年漁民が登場する。突然「彗星のごとく」現れた、という印象を筆者などはもった。その年の初頭、彼らは女性たちとともに反対闘争史上空前の3500人集会とデモを成功させるのだ。そして反対派町議会議員と協力して、建設への歯止めとして原発町民投票条例を制定させた。原発の建設には有効投票の過半数を制しなければならないとのハードルをつくった。一部漁協だけで南島町のことを決めさせないという意思表示だ。見事な世代交代であった。

やがて古和浦漁協は推進派が実権を握り、1994年に入って原発反対決議を撤回したが、第三世代にとっては想定の範囲内であった。

だが、中電は南島町全体の反対意思をあざ笑うかのように、古和浦漁協に海洋調査を申し入れた。反対派は、原対協を拡大強化し、役場に「芦浜原発阻止闘争本部」を設置、町長が本部長となった。挙町闘争体制の到達点であった。

漁協総会実力阻止

1994年12月15日、古和浦漁協総会が開かれようとしていた。すでに中電は、海洋調査補償金の前払いとして、漁協に2億円を供与していた。金による人心の誘導だった。総会が開かれ、海洋調査受け入れが可決されれば、原発建設を止めることはほぼ不可能となる。このとき、闘争本部は、実力阻止はしないことに決めていた。乱闘になって逮捕者を出せば、反対運動への打撃となり、世論の離反も心配された。しかし、町民は黙ってはいなかった。

前夜から集まり始めた町民2000人が、漁協の建物前に座り込んだ。町長ら闘争本部の幹部たちは「町長と町内漁協の同意なしには調査しない」とする中電の文書を示して、座り込みを解くよう説得を試みた。だが人びとは座り続けた。女性たちが叫んだ。

「私らには子どもを守る責任があるの!」「今までずっとだまされてきた。もうだまされへん!」「(総会は)ぜったいに開かさん!」

説得する方にも、座り込む方にも、眼に涙があった。警官隊が座り込みを排除しようとしたが、町民の力が圧倒した。誰一人漁協には入れず、総会は流会となった。これが闘争の死命を決した二つ目の場面だった。

町民の底力に慌てふためいて先の文書を書いた中電だったが、すぐに三重県と県漁協連合会の仲介のもと、南島町との間で正式の協定を交わした。総会で調査受入れを決めても町長と町内漁協の同意なしに実施はしないとの約束だ。立地活動の休止期間を設けることも盛り込まれていた。闘争本部は、この協定を根拠として、すぐさま海洋調査には「有効投票の三分の二以上の賛成」を条件とする住民投票条例を制定した。加えて既設の原発建設に関わる投票条例も、「過半数」であったものを「三分の二以上」と改訂した。当面の危機は回避されたが、中電が協定を守る保証などなかった。

県民署名から知事の決断へ

孤立無援で戦ってきた南島町が、初めて町外に踏み出していく。闘争本部は、三重県民を対象とした原発反対署名運動を始めた。原発反対の意思が南島だけでなく県民全体のものであることを、知事と県議会に知らしめるためだった。

１９９５年11月から、毎週、貸切バスで県内各地に出かけ、郊外型のショッピングセンターや大規模団地で、町民は署名を集め続けた。県内の市民団体や労働組合も協力した。半年間で、県民有権者過半数を遥かに超える81万人の署名（有権者約１４１万人）を集めるという快挙を成し遂げる。96年5月、署名は北川知事と県議会議長に手渡されて、彼らに決断を迫ることになった。

南島町は署名の力を背景に、知事と県議会に「冷却期間」（推進工作の休止）と現地の「実情調査」を求めた。１９９９年末までの休戦期が始まった。

知事は、ヨーロッパの原発視察などのあと、ついに南島と紀勢を訪れて、住民１０５人の意見を直接聞いた。反対派住民は、原発計画がどのように地域の心を切り裂き、家族や友人の関係を壊していったかを切々と語った。知事はじっと耳を傾け続けた。

２０００年2月22日、県議会において北川知事は原発推進による「地域破壊」の現状を認め、「芦浜原発計画の推進は困難。白紙に戻すべき」と表明した。同日、中電も「計画断念」を発表した。37年におよぶ南島町民の戦いが、この日終わった。多大の犠牲を払いながら、世代を継いで抵抗し続けた末に手にした、勝利だった。

誇りと尊厳をかけて

南島にとっては華々しい勝利ではなかった。あまりにも苦しい歳月だった。失ったものは大きかった。県民署名運動を取り仕切ったリーダーは、２０１４年7月13日、芦浜原発反対闘争50周年記念集会で勝因を問われたとき、「なぜ勝てたのか分からないのです。原発は止まったけれど、われわれの心はズタズタになりました」と声を詰まらせ、言葉を失い、しばし虚空を見つめた。十数年後の今も、心の傷は癒えないままだ。起きたことの大きさ、深刻さを改めて思った。

しかし、それでも南島町は原発を止めた。それは偉大な勝利だ。名もなき人間たちも知恵と勇気を集め力を尽くせば、巨大な力に対抗できることを、その戦いは教えてくれた。

希望を残したのである。

筆者なりに勝利の要因を数えてみた。町民一丸となったこと。漁協組織を基盤としたこと。漁協と町議会による反対闘争体制がつくられたこと。世代交代が行われたこと。政治を動かしたこと。大規模デモや長期の署名活動などは、漁協組織抜きには不可能だったろう。

もう一つ。推進派は、常に当事者の範囲を狭く限ろうとする。わずかな人数の漁協組合員で原発立地を決めようとした。これに対して反対派は、全県民が当事者であるという事実を、署名活動を通して普及させた。当事者を拡げることが反対派の戦略だったといえよう。しかし、何よりも決定的だったのは、長島事件や古和浦漁協総会阻止のような実力阻止行動だった。言論だけの闘争では決して勝てなかったであろう。残念だが、それがこの国の民主主義の現実である。

先日、古和浦の老闘士に勝因を訊いてみたら、わかり切ったことを訊くなというような眼をしてから、力強く言った。

「命、賭けたでさ」

では、なぜ37年も戦い続けられたのか？　もちろん「漁場を守る」こと、「子どもを守る」ことは、人生を賭けるに十分な理由だ。しかし、もっと深いところでは、別の思いがあったと思う。漁民たちは中電や県に対して「あいつら、なめとる」とよく怒った。いかにも推進側の人間たちには地元住民への敬意がない。漁業労働者を人間扱いしていない。そんなことは差別される側から見れば明白なのだ。中電も県も国も、生活を仕事を地域共同体を破壊することに躊躇がない。芦浜闘争は人間としての誇りと尊厳を賭けた闘いだった。人間である限り放棄するわけにはいかない戦いであったのだ。

不条理をとめよう

芦浜の土地は、今も中部電力の所有だ。中電は原発を増やす計画である。熊野灘周辺では、3・11直前まで原発再誘致の動きが見られたという。

南島町は東隣の南勢《なんせい》町と合併して南伊勢《みなみいせ》町となった。紀勢町も隣接町村とともに大紀《たいき》町となった。前者は2000年当時の町長の後継者が、後者は当時のままに、それぞれ町長の座にある。政治、社会、経済において他地域と何か異なる変化があったわけではない。原発待望論も消えたわけではない。ただ、かつて推進論者であった大紀町長本人が、福島原発事故の現実を目の当たりにして立場を変えたと、テレビのインタビューで答えていた。南伊勢町長は原発を認めないと答弁し、町への寄付という形で芦浜の用地を手放すよう中部電力に要請している。

南島町の原発住民投票条例は、南伊勢町の条例として今も生きている。南島の議員たちは合併時にそれを認めさせたのだ。反対派魂は健在である。

本稿を閉じるにあたり、『芦浜原発反対闘争の記録 南島町住民の三十七年』（海の博物館編集・南島町発行）に筆者が寄せた一節を再掲させていただきたい。原子力発電と原子力開発について言うべきことは、芦浜闘争当時も今も変わらない。

「町単位でも浦単位でも、祝勝会は行われなかった。推進派住民の感情に配慮してのことだ。この心情を持ち続けての闘争であり勝利であったことに深い感慨を覚える。推進する者や中部電力幹部には、思いもよらない感情であり配慮であろう。地域の生活は人々の深い絆で成立している。誰が地域を真剣に思ってきたかを考えるとき、この地に原発を持ち込んだ者たちを限りなく憎む。

原発はいかなる理由があろうとも認められるものではない。そして、その思いを行いに移したとたん、行政悪・企業悪・政治悪との戦いが始まる。

誰が命と環境と将来世代を守るのか。結局この国では責任のない被害者である地域住民が責任を負うほかはない。誰も責任を取ろうとしないのだから。そして強大な金と権力に対抗するためには、命と暮らしを賭して闘うほかに道はない。いつまでこんな不条理を続けるつもりか。芦浜闘争37年の教訓を、私たちは心底から学ばねばならない。」

（初出『日本の科学者』２０１４年11月号）

四国と和歌山

四国と和歌山県における原発立地を断念させた運動の歴史

服部敏彦

徳島県と愛媛県津島町における運動

１９５６年に入り四国電力は、原子力発電に関する調査研究をはじめ、１９６０年頃から四国初の原子力発電所建設に向けて候補地点を定め、航空調査・図上調査・現地踏査などを実施して、立地に関する取り組みを開始した。*1

四国におけるその最初の候補地として、徳島県海部《かいふ》郡由岐町《ゆきちょう》（現美波町由岐）の田井地区が選ばれた模様だが、表面化することなく立ち消えとなり、このあと四国電力は同郡海《かい》南町《なん》（現海陽町《かいようちょう》）浅川の網代崎を立地候補地と定め、同町に調査の申し入れを行った（申し入れ時期は１９６５年ごろと推定される）。

徳島県下で初めての原子力発電所の立地計画について、地域住民の間には期待よりもむしろ大きな不安が渦巻くこととなり、同町の二人の町議（大崎・岳山氏）と地元漁業関係

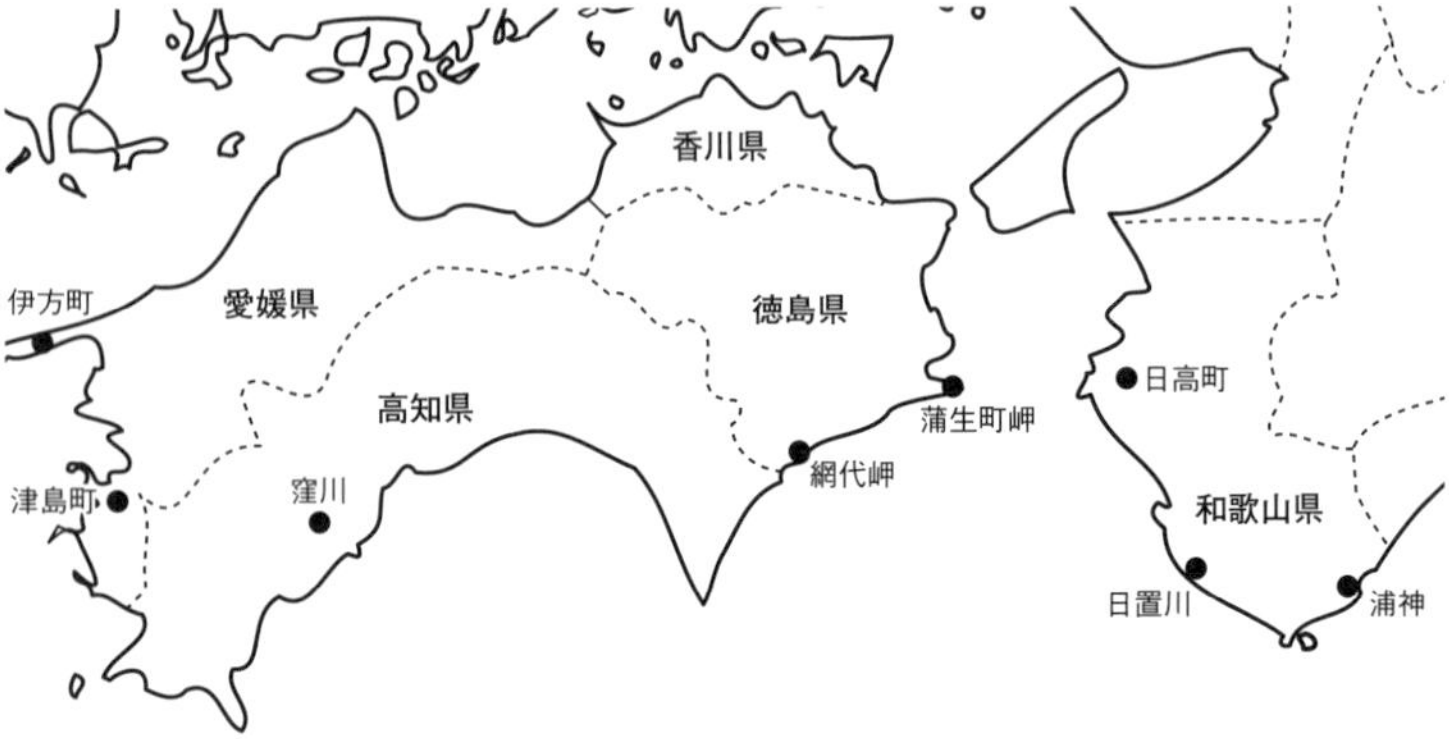

四国・和歌山県における原発候補地

者を中心に、原発の安全性や放射能問題について学習会が幾度か開催された。筆者もこれらの学習会に講師として招かれた。地域住民の多くは原発立地が将来の地域住民の利益、特に地域の漁業の発展に寄与するかどうかを中心として考えた結果、立地に反対する声が次第に多数を占めることとなった。

結局、四国電力は立地調査の申し入れについて海南町議会の同意は得られず、その結果、同地域から撤退せざるを得なかった。

四国電力は、次いで愛媛県と津島町（現宇和島市津島町）から原子力発電所を誘致したい旨の強い要請を受けたとして、同町の大浜—尻貝《しりがい》地区に原発立地を計画し、1966年に現地調査を開始した。そして、地質調査の分析は京都大学防災研究所に依頼した。立地についての地域住民、特に養殖業（真珠養殖業を含む）を中心とした関係漁民や住民の不安は大きく、反対の声は日増しに大きくなる一方、現地におけるボーリング調査は地盤が軟弱のため立地に不適当と判定される結果が得られたことも重なって、四国電力は１９６８年1月愛媛県に立地の中止を申し入れた。

四国電力社長は同年（１９６８年）に徳島県阿南市椿泊町蒲生田《がもうだ》を有力候補地の一つと表明した。

この表明にたいし、立地される地元の椿泊町よりも、むしろ県南地域の海部郡内各地の漁業関係者の反応が大きかった。その主要な関心は、原発から排出される大量の温排水が漁業にどのような影響を及ぼすのかであり、大きな不安材料を引き起こすこととなった。隣接町である由岐町の伊座利《いざり》、志和岐《しわぎ》、阿部、由岐、木岐《きき》の各地区の漁業者および海部郡内最大の水揚げを誇る牟岐町《むぎちょう》の漁業者は、こうした不安から原発と放射能による漁業への影響について熱心に学習することとなった。

日本科学者会議徳島支部は、海部郡内漁協の要請を受けて原発問題に関する調査活動を行い、講師を派遣して講演会・学習会を支援した。また、原発問題に関する市民向けの小冊子『原子力発電は安全か』（第1版３００部、第2版５００部）を刊行して地域住民の原発に対する理解を援助した。この小冊子は、軽水炉が冷却機能を失った時に起こるいわゆる〝空焚き〟によって燃料棒が溶融して原子炉が破壊される恐れがあり、このときは原子炉内部の放射性物質が大気中に飛散し、風向きによっては半径50㎞以内には住めなくなるおそれがあることや、炉内の放射性物質が海水中に放出されたときは、魚貝類・藻類が放射性物質を取り込んで周りの海水中の放射能濃度よりも高くなるという放射性濃縮を起こす恐れがあることなどを数量的にも示して、漁業関係者の理解を助けるものとなった。筆者たちの原発に関する調査研究活動については、原発先進県である福井県の科学者会議同支部、特に現在参与の庄野義之福井大学名誉教授からの支援を受けた。

当時、由岐町で行われた町主催の講演会には、公民館二階に500人を超える町民が参加し、町長が「由岐町創立以来の集まりです」と挨拶するなど、反対運動は大きく広がった。

こうして、海部郡内すべての漁協が一致して原発立地に反対するという、これまでにない反対の大きなうねりに遭遇した結果、とうとう1970年9月、徳島県知事は四国電力に立地調査見送りの申し入れを行うこととなり、ついに四国電力は立地から撤退することとなった。

このころ、徳島県においては、原子力研究班なるものを独自に発足させ、原子力発電全般に関する調査研究をするほか、県南の浅川湾、蒲生田岬海域の月ごとの海水温度を3ヵ年にわたり調査し、1970年に報告書を県に提出している。*2

再燃した徳島県における運動

一方、当時、四国電力は佐田岬半島の付け根に近い愛媛県伊方町九町越を有力候補地として、第3者などによる用地の先行取得を行う一方で、1968年4月愛媛県伊方町長からの誘致の陳情、7月には同町議会の誘致決議をうけて、1970年に立地を決定した。こうして伊方町に四国で初めての原子力発電所が建設されることとなった。

伊方原発設立が決定された後も四国電力は第2原発の立地を計画し、以前に一時撤回を決定した徳島県阿南市《あなんし》椿泊《つばきとまり》町蒲生田岬を再度候補地とし、1976年6月15日に徳島県と阿南市に原発設置のための環境調査の申し入れを行った。予定された原発は、椿泊港対岸500mの蒲生田尻杭《しりぐい》地区を中心に2500haの用地を買収して、100万kW級の原発2基を総工費3600億円かけて建設し、1号基は1980年7月着工、1985年1～6月運転開始予定という計画であった。当初、徳島県知事はこの申し入れに対し前向きの姿勢をとっていた。

この立地の動きに対し、地元の椿泊町は賛成派と反対派がほぼ半ばして動きが取れないなか、隣接の椿町《つばきちょう》では住民の間に反対組織が結成されたほか、徳島県南部とくに海部郡各地域の漁業関係者を中心に、立地に反対する運動が前にも増して高まった。1976年6月には立地候補地の地元漁協関係者約500名が県庁に押しかけ、座り込みやデモを行った。また同年12月には県南漁協関係者も加わり3000名が県庁に押しかけるなど、反対運動は県史上かつてない規模で展開された。

そして、徳島県漁連（県漁業組合総連合会）は徳島市で総会を開き、満場一致で原発設置反対を決議した。当時、アメリカでスリーマイル島原発事故が起きた衝撃もあり、住民の間に設置反対の空気がいっそう広がって、とうとう1979年、吉原薫・阿南市長は「立地調査を白紙に戻す」と決定し、武市恭信・徳島県知事もこれを了承した。こうして徳島県阿南市における原発立地計画は完全に白紙となった。

地元紙・徳島新聞は1976年9月に5回にわたり原発問題の特集記事を掲載し、11月にこれを小冊子にまとめて発行した。これは、原発反対派の代表として久米三四郎・阪大理学部講師と、賛成派の板倉哲郎・日本原電敦賀所長の二人の主張を、原子力発電に関するさまざまな問題点について並列的に紹介したものであった。[*3]

高知県における運動

当時、四国電力による原子力発電所建設に反対するたたかいが、高知県でも激しく長期にわたって行われた。

四国電力は、徳島県阿南市への立地調査申し入れに一足先だって、1974年、高知県佐賀町（現黒潮町）に原発立地を求めた。町は60haの土地買収に着手した。商工会は誘致を求める動きを示したが、漁協や農家を中心に「原発反対町民会議」が結成されると、反対運動は全県的に広がり、四国電力は１９７５年立地断念に追い込まれた。

四国電力は、やはり第２原発立地を高知県に求め、隣接する窪川町（現四万十町）に同町の興津地区への立地調査の申し入れを行った。『四国電力40年のあゆみ』*1によると、１９７６年４月に、窪川町内の有志が窪川町原子力発電研究会を発足させて１万筆近い署名を集める原子力発電所誘致運動を広げ、窪川町議会はこれに呼応して１９７７年６月に原子力発電所調査特別委員会を設置して立地調査検討を開始した。

１９８０年10月には、窪川町長から四国電力に対し、条件付きで原子力発電所に関する調査を実施することを文書で申し入れた。四国電力は、この申し出を受けて調査実施を回答するとともに、高知県知事や地元２漁協などに協力を申し入れた。そして、四国電力は１９８０年11月に窪川原子力調査事務所を開設した。また、町民の理解を得るため、伊方発電所や玄海発電所など先発原子力発電所の見学会を実施したほか、原子力発電の安全性や立地後に地域の発展する姿を紹介し、説明会の開催や広報資料の配布等を行った。この無料招待見学会には人口１万８０００人の半数近くの町民が参加したという。

しかし、窪川町民の間には立地に反対する声も根強く、１９７９年３月アメリカのスリーマイル島原子力発電所の事故の影響もあって、激しい反対運動が展開されることとなった。「反対町民会議」が初めて結成され、やがて１９８０年８月には「原発設置反対連絡会議」へと組織も広がって発展し、７０００筆を超える設置反対請願署名が集まった。

そして、これが議会で不採択となると、立地反対を求めて町長リコール運動へと発展した。1981年3月、藤戸窪川町長のリコール住民投票が行われ、リコールが成立した。投票率92％で賛成が6000名を上回り過半数を制した。それにもかかわらず、翌4月に行われた町長選では藤戸前町長が再選され、1984年12月、四国電力と窪川町の間で「原子力発電所立地可能性等調査に関する協定」が締結された。

そして1985年の町長選においても藤戸氏が当選したため、窪川町の立地推進路線に変更はなかった。しかし、1986年4月に起きたチェルノブイリ原子力発電所事故は反対運動に弾みをつける結果となった。そして1987年12月に、立地候補地の興津漁協から四国電力に対し、現時点では立地可能性等調査諾否の意思決定はできない旨の回答がなされ、1988年1月、藤戸町長は任期中の調査という公約が遂行できないとして辞任した。

これを受けて町議会は原子力発電所立地問題論議の終結を宣言して、建設推進は事実上停止した。

しかし、四国電力によると、「その後、調査協定書の取り扱いに関する協議が高知県、窪川町と四国電力との間で進められており、四国電力にとって窪川地点が将来の電源候補地の一つであることに変わりはなく、長期的対応を図っていくこととしている」と『あゆみ』には記載されている。

また近年では、2007年4月に東洋町長が町議会に諮ることなく、原子力発電整備機構（NUMO）にたいし使用済み核燃料の最終処理施設の建設のための調査を申し出た。町長としては、NUMOから支給される年間2・1億円の3年分を文献調査交付金として受け取ることにより、窮乏する東洋町の財政を一時的にせよ救い、そのあと3年後に建設を断ればよいと考えていたようである。

多くの町民はこれに大変驚き、調査の申し出を取り消すよう町長に働きかけたが応じなかった。そこで、間近に迫った町長選挙によって町民の意思を表し、この問題に決着が図られることとなった。選挙の結果、この町長は再選されるどころか大敗を喫して、最終処理施設調査の話は立ち消えとなった。これ以後、全国でNUMOに最終処理施設の調査を申し出る自治体は一つもあらわれていない。

和歌山県における運動

明石海峡を挟んで阿南市の対岸30〜40㎞にある和歌山県でも、関西電力による原発立地の動きがあった。

1967年、日高町議会が阿尾《あお》地区に原発誘致を決議した。用地はすでに別会社を通じて関西電力が取得済みであった。しかし、地元住民の激しい反対運動が起きたため、関西電力は原発建設を断念するに至った。

次は1968年頃、那智勝浦町の浦神《うらかみ》半島から古座町《こざちょう》（現串本町）の荒船海岸にかけての地域が原発候補地となった。しかし、ここでも住民の反対は強く、両町議会は誘致反対を決議した。

3度目の原発立地の候補地は日置川町《ひおきがわ》（現白浜町）である。関西電力は1976年に原発建設を前提とする用地買収を行った。町内は原発賛成派と反対派に二分して対立を深めたが、同年の町長選に反対派が当選し、その後この町長は推進派に鞍替えしたものの、1988年選挙で反対派の美倉町長が当選したため、計画は白紙となった。

同じころの1975年、先行の日高町阿尾地区の対岸小浦地区に、同町としては2度目の建設計画が持ち上がった。これは関西電力が小浦地区への誘致の打診を行ったためである。日高町議会は関西電力の小浦地区への調査申し入れを了承した。しかし、比井崎《ひいざき》地区住民は原発建設反対の組織を作り、同漁協は総会を開き調査反対を決議した。

1979年のスリーマイル島原子力発電所に事故が起きると、日高町長は調査を一時凍結したが、資源エネルギー庁長官による「原発安全見解」なるものを受け入れて凍結を解除した。

しかし、反対運動はこれ以後日を追って高まることになり、日本科学者会議和歌山支部御坊分会は1981年、地域住民や地区労とともに「日高原発反対決起集会」を開いた。同じ年に県内の原発建設に反対する団体が「和歌山県原発反対住民連絡協議会」を結成した。チェルノブイリ原子力発電所の事故の影響もあり、日高原発に反対する運動が活発に取り組まれるようになった。

１９８８年3月に開催された地元の比井崎漁協の総会で「原発事前調査受け入れ」案を廃案とする組合長の提案によって事実上決着となった。そして最後は、１９９０年に反対派の志賀政憲町長が誕生したことでようやく立地計画に終止符が打たれることとなった。

長く続いた和歌山県での原発建設反対の運動には、徳島県の漁業関係者や労組の人たちが支援と交流を行ったほか、科学者会議京都支部や京大原子炉実験所の小出裕章、今中哲二両氏からも協力があった。

引用文献
＊1　四国電力『四国電力40年のあゆみ』（１９９２）。
＊2　徳島県原子力研究班『原子力発電についての調査研究報告書』（１９７０）。
＊3　徳島新聞社『原発―安全性・必要性の徹底討論』（１９７６）。

（初出『日本の科学者』２０１４年11月号）

石川県珠洲市

住民運動・科学者運動はいかに原発建設と対峙したか――つくられた志賀原発と中止させた珠洲原発、石川県での経験

飯田克平

1967年、北陸電力が志賀原発建設計画を発表し、1975年には、北陸、関西、中部の三電力が珠洲電力の共同建設計画を発表した。約30年間、石川県民は原発建設問題と対峙した。住民主権、地域の民主主義が問われた。その時、すでに現地の人びとは、原発災害は起きてからでは遅すぎると警告した。科学者も地域の人びとと連携してこの運動に加わった。今、再稼動反対を求める発展した新しい連携が模索されている。

原発推進政策の中で

原子力発電は、1950年代後半から国の原子力推進政策の中で始まった。あたかも、原野の小動物を襲う猛禽類のようなものである。鋭い視線と強い翼をもち、「あつ」という間に襲いかかる。

第１図　能登半島の原発基地化構想

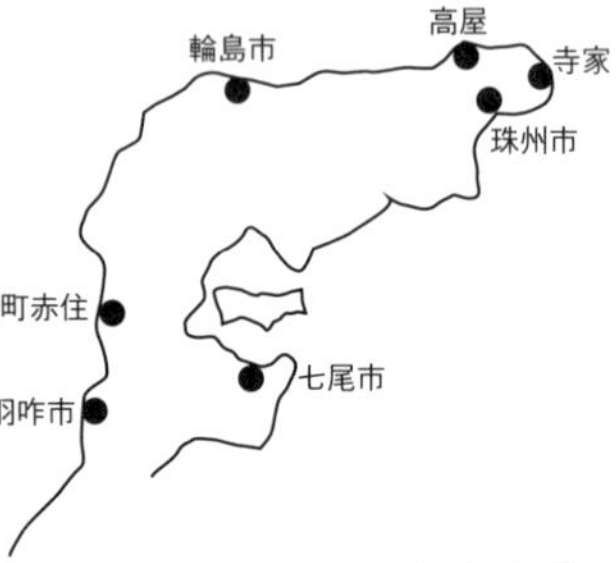

白羽の矢を立てられた地域は逃れられない。「ちょっとまって」「われわれが呼んだわけではない」などの言い訳は通用しない。賛成であれ反対であれ、大きな社会的な渦の中にまきこまれる。知恵を絞って反対するか、唯唯諾諾として従うしかない。賛成しても、現地では農地を失うなど生活が一変する。反対の場合は、ひとつひとつが生活をかけた行動となる。地域の生活と生業、住民主権、地域の民主主義が問い直される。ほとんどの自治体は、反対する住民の側には立たなかった。

石川県の場合もそうであった。原発をめぐる県民の活動は、１９６７年から現在まで続いている。

住民の反撃、地域の反撃

福島原発事故の２０１１年3月、日本には13道県、17基地に、54基の原発があった。しかし、その実態をみると、９電力のうち、東京、関西、九州の3電力以外の6電力は、１基地しか確保できなかった。また、東海地震から南海地震までの大地震地帯では、中部電力と関西電力は紀伊半島で原発建設に失敗し、四国電力は、徳島、高知の両県で住民から拒否された。九州電力も日向灘での建設に失敗した。その結果、東海から南海にいたる大地震地帯で地震の影響を受ける可能性の高い原発は、浜岡・静岡県とやや離れたところに立地する伊方・愛媛県、川内・鹿児島原発のみとなっていた。これは、国や電力会社が意図して大地震をさけたのではない。各地での人びとの努力が結果として、大地震対策となったのである。

54基という原発の現状も、住民の反撃によって押しとどめられた結果で、国と電力会社のぼうだいな計画がそのまま実現したわけではない。

石川県の志賀原発は、計画から運転までに26年を費やし、さらに珠洲原発では、計画発表から28年後に建設中止に追い込まれた。

2011年3月の時点では、日本国内では新しい基地の確保はきわめて困難になっていた。

改修されて立派になった高屋漁港（2015年8月）

原発推進政策と工業開発

国の原子力推進政策の中で、1960年代に入ると、中央3電力と国策会社・日本原子力発電は本格的な原発建設を開始した。少し遅れて、他の6電力も原発建設に乗り出した。

原発の建設は、地域を競わせ有利な条件を選んで押し付ける。知事が賛成し、市町村長ももろ手を挙げて歓迎する。福島、刈羽・柏崎のように、うまく立ち回って土地を取得する。美浜、敦賀のように、道路建設などと引き換えに土地を取得する。中部電力も、紀伊半島の熊野灘に焦点を定め、原発建設にのりだしたが、漁協や住民の反撃を受け頓挫し、浜岡に切り替えた。原発建設では、自然環境より社会環境（反対の市町村議員の有無など）が重視される。

北陸電力は、1967年に石川県での原発建設を表明した。新全国総合開発計画において、能登地方は若狭地方とならぶ電源基地地域と規定され、さらに、原発の共同基地化構想によって、1975年に北陸電力・関西電力・中部電力の三社は珠洲原発の共同開発構想を発表した。1973年に立法化された電源三法がこうした動きを後押しした。

一方、1960年代には、太平洋ベルト地帯の臨海工業開発の波が、政府の「新産都市」構想の展開もあって、日本海地域の各地に及んだ。

北陸地方では、北アルプスからの水流を利用して、水力、火力の電源開発を富山県に集中させていた北陸電力は、臨海工業開発と関連して、福井市と金沢市近郊に火力発電所の建設を計画した。

こうしたそれぞれの時代的流れの中で、石川県民は原子力と火力という二つの電源開発に直面することになった。このうち、最初に住民運動が大きく発展し、原発建設反対の運動にも影響した火力発電所建設反対の運動を紹介したい。

金沢火力発電所と全県的反対運動―石川県民の初めての経験と町長リコール

１９６８年自民党によって策定された「都市政策大綱」に対応して１９７０年金沢市は、60万都市建設と臨海工業開発を構想した。これに呼応して、北陸電力は金沢市近郊の内灘町に火力発電所建設を計画した。当時の火力発電所は硫黄含有量の高い重油を使用していたため、大気汚染公害の元凶であった。

金沢市内への通勤者が、火力発電所建設に反対する声をあげ、たちまち内灘町全体にひろがった。金沢市民・周辺町民・労働組合・政党もつづいた。日本科学者会議石川支部は、県民にとってまったく新しい火力発電所の大気汚染公害や地域開発問題を中心にシンポジウムを開催し、パンフレットを作成した。

内灘町内の住民組織をはじめ金沢市や周辺の町の住民組織・労働組合・政党も参加した共同の組織「金沢火力発電所建設反対各種団体連絡会議」が結成され、公害反対運動は全県的に広がった。日本科学者会議石川支部はその代表を務めた。内灘町民は繰り返し住民投票を要求し、拒否されると、町長リコールに踏み切った。建設反対を公約した前町長が当選し、直ちに北陸電力に建設中止を申し入れた。１９７３年3月、北陸電力は建設を断念した。

志賀原発の建設と珠洲原発の中止

志賀原発の場合も珠洲原発の場合も、事情は同じであった。原発建設に反対する住民の運動は、粘り強く展開された。日本科学者会議石川支部は、住民と連帯して反対運動の一翼を担った。珠洲原発は、2003年に建設計画の中止に追い込まれたが、志賀原発の場合は、残念ながら追加買収について公権力の介入を撥ね退けることができず、1993年に第1号基、2006年に2号基の運転が開始された。だが、4基の建設可能な計画を2基におしとどめることができた。この間、関西電力は志賀原発に強い関心を持っているとの「うわさ」が流れていた。

志賀原発建設に対する福浦地区と赤住地区の反対運動

北陸電力は1967年7月に突然石川県での原発建設の4候補地を発表した。11月には、能登半島の中央部の赤住（旧志賀町）、福浦（旧富来町）の両地区に広がる土地を候補地として発表した。両地区は、漁業と農業が中心の集落であり、福浦には北前船の中継港となった天然の良港があった。この北前船の伝統によるものか、多くの次男、三男が船員となっていた。しかし、原発に対しては二つの地区は対照的であった。

北の福浦地区では、有志がただちに「能登原発反対期成同盟」を結成し、反対運動を始めた。「……我々住民にとってはかけがえのない永い歴史を有する土地の喪失であり、しかも子から孫へと悠久の未来につながる生活環境への重大な脅威である。原発設置によって将来の福浦へもたらすであろう功罪を住民と共に討議することもなくまた、未来の福浦発展の確固たる構想も信念もないままに、『お上のすることは間違いなかろう』との安易な考えの下に、飽くまでも原発設置を前提として賛成者獲得に汲々としている。町当局の態度は、まことに遺憾である。」と訴えた。さらに、「放射能公害問題は未解決として、「放射能事故は起きてからでは遅すぎる」と、あたかも今の福島の災害を見通したかのように訴えている。日本科学者会議石川支部も、講演会の開催、パンフレットの作成など反対運動を開始した。

一方、南の赤住地区では、長い間の習慣のまま地主など地区の幹部まかせであった。烏帽子親制度（名づけ親制度）が影響力をもっていた。福浦からの呼びかけにも応じなかった。1970年8月に、赤住の区長は区長一任の委任状を集めた。北陸電力は赤住地区の予定地の買収を開始した。

同時に福浦地区の買収を断念し、その分を追加買収として赤住地区に求めた。これには赤住地区もこぞって反対したが、北陸電力が追加買収地を縮小すると、地区幹部は同意してしまった。

そのため、ようやく住民も意を決して、1971年初めに原発に反対する「赤住を愛する会」「赤住船員会」などを結成した。赤住地区では反対組織の代表も含めて「能登原発問題対策協議会」を結成して、追加買収に対する本格的協議をはじめた。

赤住地区の住民投票と石川県の介入

1年ほど続いた赤住の対策協議会はまとまらず、1972年3月に住民投票を行うことを決定した。

住民投票の方法は、次のようであった。

1. 賛否とも、3分の2以上で集落の方針とする。ただし、個人の土地の売買は拘束しない。
2. 記名投票とする。外国航路商船や遠洋漁業船に乗る海員の投票を保証するために、投票期間を1ヵ月とする。

反対者の多い船員の投票もぞくぞくと集まり、石川県は賛成少数を恐れたのか、「記名投票だから集落が混乱する」と言いがかりをつけ、投票が終わると住民の自主的な行動に介入し、開票を中止させた。「住民投票の廃棄、3月まで協議し、協議不成立の場合は原発問題凍結」のかたちで調停し、住民投票を廃棄した。

翌年3月までの間に反対の人びととの切りくずしもできず、「追加買収問題を凍結する」

臨時総会が召集された。総会が開かれると、「凍結」とは関係なく、受け入れの緊急提案などの強引な運営が行われ、それに抗議して反対の人びとが退席すると、過半数に届かないのに追加買収を決定した。これを受けて、北陸電力は直ちに賛成する人びとには100万円を供与して賛成者を拡大した。赤住の反対の人びとも外部の人びととの連携を決意した。赤住・福浦の住民組織を含む全県的な原発反対組織が誕生した。原発問題は全県民的な運動の課題となった。赤住の代表とともに、日本科学者会議石川支部はその代表を務めた。

原発建設には、周辺の海域調査が必要である。しかし、関係八漁協のうち、四漁協が北陸電力の行う海域調査には反対した。そのため石川県は、漁業の許認可権を背景に、海域調査に強く反対する富来町の西海漁協の会長を辞任させせて、自らおこなう海域調査を了承させ、その結果を北陸電力へ転売した。

石川県当局は、追加買収で住民自治を踏みにじり、海域調査でも北陸電力に協力した。26年経過して、北陸電力は志賀原発の運転に漕ぎつけた。

珠洲原発建設計画反対の住民運動

珠洲市は石川県の能登半島の先端に位置し、大伴家持が能登を含む越中の国守であった時に訪ねるなど、古くから開けた土地であった。しかし、近年の過疎化に対応して、市当局は石炭火力の誘致など電源立地を模索した。先にも述べたように、新全国総合開発計画では、能登半島は若狭地方と並ぶ電源基地として位置づけられていた。さらに、資源エネルギー庁は、電力会社間の共同による原発の共同基地建設政策を提言した。

１９７５年になると珠洲市当局は原発誘致に乗り出した。翌年、関西電力社長は車で能登半島を一周したとして、１０００万kW級の原発建設可能と発表した。３月には、候補地の珠洲市の高屋と寺家（能登半島の先端の日本海側）で予備調査を行った。

１９８４年には、北陸、関西、中部３社は珠洲電源開発協議会を結成し、高屋に関西電力、寺家に中部電力、北陸電力は地元との調整にあたると発表した。関西電力と中部電力はさまざまな方法で個別に土地の取得を始めた。石川県は地元の要望に応え、高屋漁港の本格的建設を行うなど原発建設を支援した。

原発立地の動きに対して、志賀原発反対の流れを受けて、予定地の高屋と寺家では有志による反対組織が誕生した。珠洲市最大で石川県でも有数の漁協・蛸島漁協が反対の意思を表明し、その立場を最後まで貫いた。また、多くの真宗大谷派の僧侶を中心に宗教家が行動に立ち上がった。日本科学者会議は講演会などに協力した。

労働組合をはじめ多様な反対運動が珠洲市全体に広がり、そのネットワークが運動の調整・連携の役割を果たした。反対運動が始まると、漁協推薦候補者をはじめ、多数の原発反対の市会議員が生まれた。市長選でも善戦し、県議選でも反対議員が誕生した。

1993年の市長選では、推進派は危機感をもって臨み、当選したとはいえ、選挙結果に疑問をもたれ、1996年最高裁から選挙無効を言い渡された。

1989年、関西電力は「立地可能性調査」と称して高屋で現地調査に入った。多くの市民が現地で反対運動を展開し、調査の継続を困難にさせ、市役所で関西電力の調査をやめさせるように市長に迫った。長期にわたる交渉の結果、関西電力は調査を中止せざるをえなかった。

珠洲原発と志賀原発

2003年、ついに3電力会社は、珠洲市における原発建設を断念することを明らかにした。これは、電力需要の停滞、電力自由化とその中での過剰な電源設備の負担に加えて、建設の見通しが立たないことが大きく影響した。珠洲原発構想から28年の長期間にわたって、予定地の人びとの強い意志、これと共同する市民、県民、全国の人びととの連帯の成果であった。特に、漁協、宗教者などの幅広い職業の人びととの参加が決定的な影響をあたえたのではないだろうか。

志賀町では、4基可能な計画を2基に押しとどめた。しかし、残念ながら建設を許してしまった。原発建設に対して、地域の人びとは特別の権利をもっているわけではない。土地の所有権と漁業権のみが現地の人びとが対抗できる権利である。

志賀町で原発建設を許したのには、赤住地区の土地が最初に買い取られたことが大きく影響した。地域の民主主義の問題であるとともに、時代の状況を乗り越えられなかったからと考える。

珠洲市の高屋や寺家では、同じ県内の志賀町の動きを知っており、原発評価の変化もあり、有志で反対運動を展開できた。赤住地区の土地取得を足がかりに原発建設を許したのは、地域の民主主義の問題以上に、住民に奉仕すべき石川県が、住民の英知に介入して住民投票を廃棄させ、さらに、漁協の人事にまで介入して、北陸電力にかわって海域調査をしたことによるが、決して許されない。日本では、今なお自治体がこのような役割をすることが当然視されていることに注目する必要がある。仲井真前沖縄県知事の力を利用して、名護市民に基地を押し付けようとしたのとまったく同じで、赤住地区の自治を踏みにじったのである。

11.9 集会後の志賀町内の街頭行進（2013）

住民自治による地域住民の生活と権利を守る運動

電力会社は、国の方針を旗印に原子力発電所や火力発電所の建設を一方的に推進してきた。さらに、石川県をはじめ関係した自治体は、これを支持・協力し、推進してきた。ある場合には、電力会社になりかわって当事者のようにふるまった。議会もまた、賛成者多数に名をかりてそこで生活する住民の意見を無視してきた。

石川県の原発反対の運動は、地域のことは、そこに住み、生活する住民自らが決める住民自治の原則にもとづいて、地域住民の生活と権利を守り、民主主義を確立する運動であった。

原発建設反対から廃炉をめざして

２０１１年３月、福島原発事故の時、志賀原発は、１、２号基とも運転を停止していた。その後、４年間、まだ停止の状態が続いている。北陸電力は、富山市、敦賀市、七尾市などに火力発電所があり、電力供給にはゆとりがある。

石川県では、県をはじめ県内のほとんどの自治体は、政府の動向を注目しながら、再稼動の立場に立っている。

しかし、県民は再稼動に不安を感じている。例えば、志賀原発の敷地内の断層、さらには、地震の場合の周辺断層からの影響の問題である。あるいは、能登半島中央部で原発災害がおきた場合にどう避難するのかという問題もある。つきつめれば、避難しなければならないような可能性があっても再稼動を認めなければならないのかという問題に帰結してしまう。

このような状況と長い原発問題への取り組みの中で、県内で展開されている活動を紹介しよう。

（1）志賀原発の再稼動反対・廃炉をめざす県民集会

著名人や諸団体の代表者の呼びかけで実行委員会が組織され、福島から講師を招いた講演会や集会が行われてきたが、２０１３年の11月には、志賀原発のある志賀町で、「志賀原発再稼動反対・原発０・福島原発被災者支援」県民集会が行われ、町内のデモ行進もおこなわれた。これには隣の富山県からも多くの住民が参加した。

（2）志賀原発の廃炉を求める住民訴訟

現在、全原発に対して各地で廃炉をめざす住民訴訟が行われているが、石川県では、志賀原発2号基の差止め訴訟で、一審勝訴をはたした原告と弁護団が再組織され、志賀原発の再稼動反対・廃炉を目指して提訴している。

（3）「どいね　原発」

若い人たちが中心に、金沢弁で表現された金曜日行動「どいね　原発」（金沢弁で「どうなっているの」）が、北陸電力金沢支店前や金沢駅前などで行われている。２０１４年

1月には77回に達した。

（4）日本科学者会議石川支部

日本科学者会議石川支部では、福島事故の直後から、福島事故に関する講演会を3回開催した。2013年には、金沢市で開催の日本科学者会議北陸地区のシンポジウムで、原発災害の問題をとりあげた。

志賀原発の敷地内の断層との関係で、住民組織とともに、立石雅昭氏（第四紀地質学）の指導のもとに、現地の断層調査を行っている。その中間報告をまとめ、原子力規制委員会に送り、「敷地内と周辺の断層・活断層および相互の関連」を徹底的に解明するように求めている。また、原発災害には過酷事故を含め、それに対する実効性ある緊急時計画に改善するよう石川県に申し入れた。

本年に入り原子力規制委員会の専門家集団は、現地調査も行い「原子炉施設の直下の断層は活断層であることを否定できない」と指摘しており、北陸電力は再稼働にむけて大きな困難に直面している。

（5）住民運動と再稼動反対・廃炉

福島原発災害以来、原発に対する不安感は大きく、運動も多様になっている。とはいえ、原発は地域に原発連携社会を構成しており、制度的にも存在が保証されている。したがって、原発再稼動に反対する運動は原発建設反対運動のときよりもさらに広範な運動が求められる。そのためには、地域独自の問題（北陸電力の場合は、原発なしで電力供給にゆとりがあること、原発敷地内と周辺の活断層問題など）に対する取り組みを含めた地域における新しい多数派形成の努力とともに、そうした試みが全国的な再稼動に反対する運動と有機的な連携が形成されるときにこそ、新しい展望が切り開かれると考える。

（6）原発中止の珠洲市では

電力会社が原発建設を断念して、十年以上経過した。現在、珠洲市では、市長は「食」を中心とする交流人口増と農林水産業の振興をかかげている。また、「能登の里山・里海」として世界農業遺産にも指定された。しかし、人口減少は続いており、半島の先端という現代社会では不利な条件の中で、市の展望を切り開くのは、きびしい今後の課題である。

参考文献

＊1 『戦後日本住民運動資料集成7―能登（志賀）原発反対運動』（すいれん舎、２０１２）。
＊2 日本科学者会議編『第28回原子力発電問題全国シンポジウム予稿集』（２００５）。
＊3 日本科学者会議石川支部ほか『石川県・富来川南岸断層、福浦断層、志賀原発敷地周辺断層に関する調査報告』（２０１３）。
＊4 日本科学者会議石川支部ほか『石川県原子力防災計画・同防災訓練を、原発でのシビアアクシデントの発生を想定し、実効性ある原発事故緊急時計画に改善するよう求める要望書』（２０１３）。

（初出『日本の科学者』２０１４年3月号）

大阪府茨木市

科学者と住民運動の連携
――阿武山研究用原子炉設置計画撤回の歴史から

山本謙治

1957年8月の新聞報道から1年半。茨木市は、水源地阿武山への研究用原子炉設置計画に反対し、計画を撤回させた。それは「原子力平和利用」が具体的な設備として応用開始されようとするときに、住民と科学者が連携して取り組んだ最初の反対運動であった。発掘された運動の資料と当時の学術会議の議論の経緯から、現在の原発への対応に繋がる科学者のあり方について考察してみる。

1952年、原爆開発まで進んでいた日本の原子核研究が占領軍による実験用サイクロンの海への放棄などで完全に停止した状況から再開へと移行し、学術会議で原子力研究の議論が本格的に開始された。

1953年のアイゼンハワー大統領の「原子力平和利用」演説に続く翌54年3月1日の

第五福竜丸被曝、3月4日の初めての原子力予算成立へと原子力を巡る状況の激動の中で、4月23日、学術会議は「原子力平和利用三原則」声明を出した。

声明は、「わが国において原子兵器に関する研究を行わないのはもちろん、外国の原子兵器と関連ある一切の研究を行ってはならない」との決意を述べ、「この精神を保障するための原則として」「原子力の研究と利用に関する一切の情報が完全に公開され。国民に周知される（公開）」「いたずらに外国の原子力研究の体制を模することなく、真に民主的な運営によって……行われ……全ての研究者の自由を尊重し、その十分な協力を求む（民主）」「日本国民の自主性ある運営のもとに行われる（自主）」と述べている。*1

翌1955年、三原則を取り入れた原子力基本法、原子力委員会設置法、原子力局設置に関する法律の原子力三法が成立した。

研究用原子炉設置計画と反対運動

（1）「阿武山」以前。宇治設置計画

1955年7月、学術会議で開催された「原子力に関するシンポジウム」で、関東・関西の大学への研究用原子炉1基ずつ設置の提起があり、文部省と科学技術庁（1956年5月19日発足）で審議が行われた。

同時期に発表された原子力委員会（1956年1月1日発足）の「原子力開発利用長期

基本計画」とも合致する形で、関西方面の大学に研究用原子炉を1基設置することとなり、京都大学に関西研究用原子炉設置準備委員会（準備委員会）が置かれ、第1回会議（1956年11月30日）で湯川秀樹京大教授が委員長に選ばれた。

1957年1月9日準備委員会は、京大・阪大が共同利用する研究用原子炉の設置場所を京都府宇治市に設定した。茨城県東海村では初の原子力発電所建設に対する誘地運動はあっても反対運動はなかったという当時の状況で、宇治市当局の動きもないなか、市民から反対運動が起き、1957年2月12日の衆議院特別委員会で、反対運動の当事者からの意見陳述が行われた。

反対の理由として、以下の四つの理由が上げられた。①施設としての安全性が説かれているが、一方で地震や水害などでの危険性も指摘されている。近くの火薬製造所の過去の爆発事故は、いずれも人の手落ちによるものであったという経験から、むしろ心配すべきは人間のミスによる事故であり、それを防ぐ術はない。②設置場所が水源であり、しかも下流には人口600万を超える大阪という大都市を控え、いったん事故が起きれば取り返しがつかない。③取引先から、原子炉がある所のお茶は買わないと言われている。地元の基幹産業が成り立たなくなる。④宇治を選定するにあたり、「公開」「民主」の原則が守られていない。

しかも、大阪府からも反対の陳情が出され、立案に関わった阪大教授が「絶対安全とは言い切れない」と主張するに至った。社会問題化と準備委員会の結束の乱れの責任を取って湯川委員長が辞任し、計画は撤回された。[*2、3]

（2）「阿武山」設置計画と反対運動

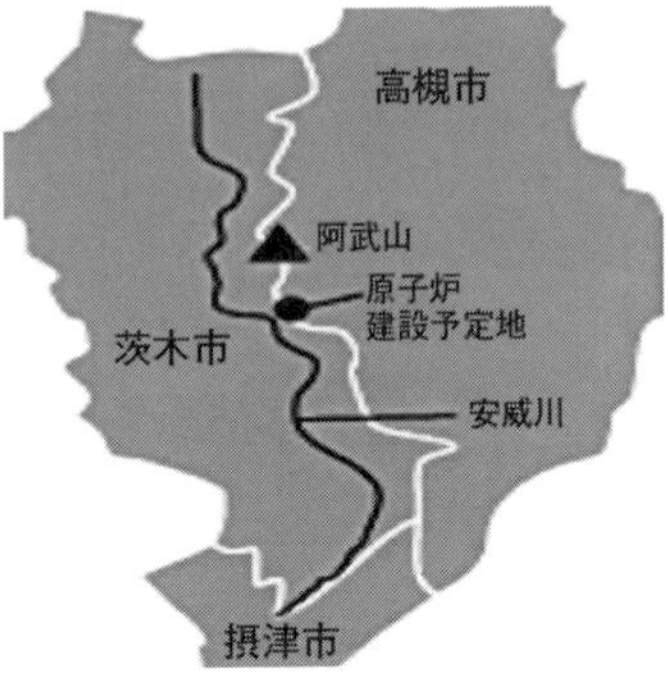

図１　阿武山水系図

1957年8月20日、第5回準備委員会により大阪府高槻市阿武山（京大防災研究所地震観測所付近）が新たな設置場所（図1）に設定された。16日の新聞報道でいち早く阿武山への設置計画を知った茨木市民は、素早い行動で反対運動を展開した。

8月25日付け京阪新聞（当時）によれば、17日夜には、阿武山に面する安威地区の住民が緊急会議を開き「安威地区原子炉設置反対期成同盟」を結成、21日には、同地区小学校で午後7時半から行われた第4回原水爆禁止茨木大会の移動映画会実施後8時20分から、「高槻原子炉設置反対大会」を行っている。

東京で開かれた第3回原水爆世界大会に参加した市議会議員や教育委員、市民代表が次々と原爆や放射能の危険性を報告すると同時に、市内各地区から参加した代表や各団体代表も、原子炉設置反対の意見表明を行った。当時、茨木市では、世界大会の1年前から、広範な市民が参加して独自の原水爆禁止大会を開催していた。

茨木市阿武山原子炉設置反対期成同盟 情報
NO.2 1957 12.5 情報
茨木市 阿武山原子炉設置反対 期成同盟
原子炉は本質的に危険なものである
市民総蹶起大会で決議

図２　原子炉設置反対期成同盟「情報」

反対集会で期成同盟委員長が述べた反対理由は、大きく次の2点であった。①阿武山は行政上高槻市であるが地勢はまったく茨木市にあり、市の農業や産業、市民生活に欠かせない安威川の水源にあたる。宇治への設置計画で周辺自治体に反対決議を要請してまで水源を守るということで反対をした大阪府や大阪市がなぜ阿武山ならよしとするのか。②科学者の間で、原子炉の安全性について意見の一致がない状態で、なぜ阿武山なのかがまったくわからない。

21日には、茨木市議会阿武山原子炉設置対策特別委員会として、田村市長、吉田市議会議長および8名の委員と府議会議員が手分けして、大阪府庁、大阪市役所、阪大工学部に陳情を行っている。8月26日には市長、議会、各界代表で構成される「原子炉設置反対期成同盟」が結成された。

茨木の反対を無視する形で、翌8月27日、その時点で原子炉設置計画に受け入れの態度をとっていた高槻市で、京大・阪大・高槻市共催の「関西研究用原子炉設置説明会」が行われ、阪大教授などによって、乗り物の事故と原発事故の確率を同列にしたリスク論や

「ビキニの雨は飲んでも大丈夫。温泉のお湯を飲むのと同じでむしろ体にいい」「許容値以下なら大丈夫」「茨木の人たちは原爆と原子炉の違いがわかっていない」など、安全と安心を振りまく説明が行われた。

夫が仕事についている間、母親や婦人たちは、市内はもちろん、周辺自治体にまで足を伸ばす献身的な行動を展開し、1ヵ月で3万5795筆の反対署名を集めた（有権者数：3万7000人）。

（3）住民運動と科学者の連携

設置計画報道から半月後の9月3〜4日、市民代表が東海村に調査に出かけ、9月10〜12日には、吹田市議会主催の関西研究用原子炉設置についての聴聞会と公開討論会が開催されることになり、準備委員会から阪大・京大の教授・助教授、大阪市大の助教授が参加した。反対同盟は、武谷三男立教大教授（当時）を招いた。

武谷教授は、原子力が人類の将来のホープであり平和利用をやらねばならないという立場を明らかにしつつも、原子力が簡単に扱ってはいけない本質的な危険性を持っていることが、放射線の根本的な問題としてわかってきたと述べ、その立場から問題をとらえることの必要性を繰り返し述べた。

また、放射能について日本人は過剰に心配しているというが、むしろ日本くらいに心配すべきということを世界に広めなければならないと述べ、軍事利用は絶対に許してはならないが平和利用においても許容値という考えを取り入れざるを得ない。それは、ある許容値以下なら放射能を受けることを許すということではなく、どんなに微量の放射線でもそれ相当の害があることがはっきりしている以上、できるだけ慎重に、なるべく防護を完全にして、無駄な放射能を出さないことが必要だと述べた。

天然にも放射能があるといい、一生懸命計算までして細かい「研究成果」を発表しているのはたいてい、原水爆の放射能は大丈夫というためのものであり、天然に比べて原水爆の放射能は少ないと発表している。しかし、少ないなら何をやってもよいのかというと、決してそうではない。天然の病気で死ぬ人がたくさんいて原子炉による放射線の影響での白血病や遺伝障害がそれより少ないから多少のことはかまわないということは絶対に許せない。

許容量という概念は、レントゲン検査をやらなかったときにたくさんの人が死ぬような病気について、レントゲンで一人の白血病患者を生み出すのなら、そちらを選ぶということであり、決して何をやってもよいということではない、などなど一つ一つの事柄について、市民がわかる言葉で意見を述べた。

さらに、宇治で反対と言っていた人が高槻ならいいと言って、それで意見が一致したというのは、何を基準にしているのかまったくわからない。アメリカの原子力委員会のやり方に敬意を表し学ぶというが、許容値以下なら大丈夫といい第五福竜丸の被害を放射能の被害ではないと平気で言うところに敬意を表して、原子炉をいじるなどとんでもない。今後、もし動力炉が入ってきて、これが日本の重要なエネルギー源になるほど大きくなってきたならば、それがもし乱暴に扱われたときの被害、安全安全といいながら乱暴に扱われたときの被害は恐るべきものに達するだろうと、私は今から心配しております、と述べた。[*4]

準備委員会からの出席メンバーは、それらの意見に反論することもできず、宇治は、大阪の水源として600万の人口に水を供給しており、その代替を準備することは不可能であるが、安威川は、6万の人口の水源であり、その規模なら代替の準備は可能であると、阿武山設置の理由を説明したので、会場から激しい叱責を受ける始末であった。

安威川は淀川水系ではなく、神崎川に繋がっている。何かあっても、大阪市民の水源は汚されないというのである。それが選定理由と聞いて、茨木市民の怒りはいっそう強いものとなった。

公聴会の後、吹田市、三島町、高槻市の隣接自治体が次々に反対決議を上げ、3市1町が、阿武山原子炉設置計画の白紙撤回を求めることになった。

（4）学術会議への事態収拾持ち込み

10月には、25大学140名の原子物理学を中心とした教授・研究者が連名で「関西原子炉設置に関する要望書」を発表し、設置計画が準備の段階から三原則に沿って正しく進められていないことを指摘するとともに、白紙撤回して学術会議の関係諸委員会と緊密な連絡を取って再出発することを、準備委員会に要望した。

11月5日の朝日新聞は、水と空気の汚染におののく住民の不安はもっとだと、「放射能の危険防止には最も慎重な態度で臨む必要があり、水源地を避けるという最も初歩的な基準さえ見失われた阿武山で地元民の反対を受けるのは当然である。白紙で再出発せよ」という内容の要望書が準備委員会に伝えられたことを報道した。三原則は学術会議の理念から国民全体の原則として位置づけられることとなった。

関西電力を筆頭とする関西財界の意向を背景に、11月5日に大阪府原子力平和利用協議会は、設置予定地斡旋を文部省と懇談し、3市1町に協力依頼を行い、12月23日に、原子炉および設置場所の安全性などについて学術会議の意見を求めることになった。

敏感に事態の変化を察知した住民は、11月27日、茨木小学校で市長を始め市議会、各地区、各団体、各階層代表、隣接自治体代表が参加する市民総決起大会を行い、原子炉は本質的に危険なものであるとの意思統一のもと反対決議を採択した（図2）。12月3日には大阪府市議会議長会（豊中市長が会長）が、「原子力基本法の三原則（民主、自主、公開）の規定を尊重し、関係住民の反対を押し切ってはならない」と関係先に陳情した。

12月には茨木市議団が、準備委員会の京大教授と面接交渉し、同月20日には京大自治会代表者会議が声明を出した。

声明には、11月に関西の実質的な（一部官僚およびボス教授ではない）研究者百数十人によって「原子炉設置運営の推進母体としての専門委員会総会が結成」と記され、地元民の反対運動が研究者に大きな影響を与え、良心的な研究者の反省を呼びおこし、それが組織にまで高められたことは高く評価すべきことと述べられていた。

翌1958年1月8日、茨木市婦人有志が学術会議に設置反対の嘆願書を提出。3月3日には、学術会議原子力問題委員会で「原子炉原子力施設の安全性に関する検討資料」が作成された。3月15日に3市1町の協議会は、阿武山案への反対を表明した。

学術会議の変節、消えた検討資料

学術会議内の原子力特別委員会と原子力問題委員会は、1958年2月18日と3月3日の2日にわたる合同会議を行い「原子炉原子力施設の安全性に関する検討資料」を作成した。

資料は、①原子炉原子力施設の安全性について（案）、②原子炉開発についての科学者技術者の考えるべき諸点（案）、③原子炉原子力施設の安全性について政府への要望（案）、④原子炉原子力施設安全保障委員会（問題点）の4項目で構成されていた。この検討資料は、3月18、19日の原子力関係科学技術者による会議に内部資料として提出された。そして、4月8日までに第26回総会原子力問題委員会報告「安全性について（案）」が作成された。

総会では、原子力問題委員会報告「原子炉及びその関連施設の安全性について（案）」と科学技術庁に対する立法化申し入れとして「原子炉及びその関連施設の安全性について（申し入れ）」の二つが提出された。それぞれが先述の①と③を微妙に曖昧化する方向に修正したものになっていた。検討資料②は消えていた。

消えた検討資料②には、科学者技術者に要求される新しいモラルとして、以下の内容が記されていた。以下全文を引用する。

「日本学術会議は、すでに原子力開発のため、公開、自主、民主の三原則を提唱し、広く世界の科学者によって支持されているが原子炉原子力施設の安全性の重要さに鑑み、これに関連して、改めて科学者技術者の責任を明らかにしなければならないと考える。

（1）原子炉、原子力施設の安全性について科学者、技術者は常に最善の科学技術的努力を払うことはもちろん、この問題は単に科学技術上の概念に止まらず、社会的概念であることを忘れてはならない。

（2）原子力の研究は危険と受益との見合いにおいて考えられるものであり、この際、科学者・技術者の立場と、一般住民の立場とでは、受益についての受け取りが異なることを忘れてはならない、

（3）設置場所については、その場所でなければ研究が不可能であるという場合以外には、特定地域の相当数のひとびとに大きな犠牲を強いるべきではない、研究上いくらか不

便ではあっても、研究に本質的な不利を与えない限り、社会的影響をできるだけ少ないものに止めうる場所を求めるべきである。設置場所自体が諸安全装置中の重要な一部であることを銘記すべきである。

（4）原子炉の安全性については、まだ経験に乏しいのであるからできるだけ慎重でなければならず、そのためには設計の当初から、また設置場所の問題についても、民主的な学者組織を作って広く意見を聞き万全を期すべきである。また、その設置を予定されている地域の住民とも十分に意見を交換すべきで、学者の見解を一方的に押し付けてはならない。

（5）原子炉の設備はそれが研究用であっても巨大な予算を必要とするので、数大学、数研究所による共同利用が望まれているが、このためには、学者も従来なかった新しい共同研究の体制を作りあげなければならない。

（6）研究の遂行に際しても、安全性を確保するために充分な予算を要求し、一方ではそれに対して研究者はまた充分な責任を負うべきである。

（7）安全性の問題については、特に科学者自身が大きな責任を取るべきで、従来しばしば見られたような機構の上に責任を転嫁するようなことがあってはならない。[※5]」

一読してわかるように、この検討資料②には、茨木の研究用原子炉設置反対運動で明らかになった科学者技術者のあり方が書かれており、住民を支持する内容になっている。しかし、この検討資料②は、現在も学術会議の資料のどこにも存在しておらず、大阪府立大学樫本教授が論文「リスク論導入の歴史的経緯とその課題：関西研究用原子炉の安全性に対する日本学術会議の見解を事例に」を執筆するための調査過程で、茨木市に「茨木市議会決議種類綴」第50分冊として保存されているものを発見したものである。

学術会議は、1958年6月10日、大阪府原子力平和利用協議会に対し、原子炉の設置を強く要望し「安全性検討資料を原子力委員会に提出するように」との回答を出した。これを受けて京都大学は7月11日に原子力委員会に資料を提出。12月9日原子力委員会安全審査専門部会は、「立地条件さえよければ原子炉の安全性は十分と認められる」と結論を出し、25日には学術会議から大阪府原子力平和利用協議会にその旨が伝えられた。

学術会議第26回総会の半月後の4月30日、②を含む非公式「検討資料」が坂田昌一原子力問題委員長から陳情に訪れた茨木市議団の手に渡された。同時に5月14日に学術会議で行われる「原子炉の安全性についての懇談会」の傍聴が斡旋された。坂田委員長は、三原則を守る姿勢を最後まで通そうとしたのではないかと推察される。

「検討資料」と傍聴機会の提供を受け、学術会議の変節にも茨木市民は動ずることはなかった。検討資料②は茨木市に保管され、研究用原子炉設置計画撤回の運動を語り継ぐ大切な財産になっている。茨木の住民は、住民の同意なしに原子炉の設置を行うことはできないという後世に残る実績を残し、計画を撤回させた。

学術会議に事態の収拾・斡旋が持ち込まれてから、検討資料②で批判の対象となっている当事者が同資料を審議し、資料をなきものにしていくなど、どんな力が働き、何が起きたのか知るよしはないが、良心的科学者を住民運動から切り離し委員会の中に閉じ込め、住民運動と科学者が連携し国民の中に具体化してきた三原則を崩し、三原則を守る姿勢を保とうとすれば「原子力平和利用」の国是に背くのかと非難され排除されるもの言えぬ状況が作られ、安全神話が始まっていったと見ることができるのではないだろうか。

今こそ科学者と住民運動の連携を

２０１４年5月21日、福井地裁は、原発の本質的危険性を明確に述べ、人びとの生存権・人格権を守るという視点から、大飯原発の運転差し止めを命じた。従来、専門的すぎるという理由で行政を追認してきた司法のあり方を否定し、司法本来の役割を果たすと明言した。

そこには、かつて三原則を提案・立法化し、その実践を追求してきた良心的科学者技術者の真摯な姿勢に通ずるものがあると感じるのは、私だけではないはずである。運動の原点、一人一人がその存在意義を問われる原理、今の時代に生きる科学者技術者としてのモラルが示されているのではないだろうか。

平和や基本的人権、学問と研究の自由、生存権・人格権、そして憲法そのものを否定し破壊しようとする攻撃が強まっている今、消された検討資料②に示された科学者技術者のモラルと精神を、具体的な生活や運動と結びつけ、活かす形で、実践し実現していくことが大切と考える。これまでにない住民運動・市民運動の継続と広がりがそれを可能にしてくれている。

（初出『日本の科学者』２０１４年9月号）

注および引用文献

＊1　原子力研究に関する三原則（１９５４・４・23日本学術会議17回総会）。

＊2　http://tokyopastpresent.wordpress.com/2012/04/14/
中嶋久人『１９５７年に日本最初の原子炉建設反対運動を行った宇治原子炉設置反対期成同盟』—東日本大震災の歴史的位置（２０１２年４月14日）。

＊3　『京都大学研究用原子炉総史』
www.rri.kyoto-u.ac.jp/kurri40/40nenshi/40shipdf/enkaku.pdf

＊4　日本共産党茨木市委員会発行　復刻版冊子『「原子炉安全神話」を拒否した茨木市民・科学者のたたかいの記録』（１９５７年9月11日）関西研究用原子炉設置についての公聴会議事録（同議事録は、１９７４年6月25日勁草書房発行の『武谷三男現代論集1』に収録されている）。

＊5　樫本喜一『リスク論導入の歴史的経緯とその課題：関西研究用原子炉の安全性に対する日本学術会議の見解を事例に』（２００６・03・31発表論文）。

山口県上関町

上関原発計画の現段階と諸問題

増山博行

中国電力上関原発は、瀬戸内の漁民の生活と暮らし、自然環境の荒廃をもたらすだけでなく、数十年以内に発生するであろう南海トラフの大地震による津波襲来や、中央構造線および内陸活断層の地震リスクが無視できない。原子炉設置許可申請をしているが、東日本大震災で国の審査は止まり、埋め立て工事も中断している。しかし中国電力は国の原発新設容認が明示されれば、直ちに工事を再開する姿勢を示している。

はじめに

中国電力は、島根原発の建設着工（１９７0年2月）に前後して、日本海沿岸の何カ所かで原発立地を企て、山口県内では60年代中頃から80年代にかけて、長門市、豊北町（現在は下関市に合併）、田万川町（現在は萩市に合併）、萩市三見で立地に向けての動きがあった。

長門市の場合は山口県が64年度に78万円８千円の調査費で、西深川地区で立地調査を行った。地元黄波戸漁協が反対し、共産党も反対のビラをまき、市長に申し入れをした。これに対し、市長は医師の立場から個人としては反対である、設置しないことを約束し、その後立ち消えになった。[*1a]（山口県北西部の黄波戸から油谷湾にかけては顕著な地すべり地帯である。）

次に豊北町神田岬を山口県が調査費75万６千円で調査したのは69〜70年である。一部には誘致の動きもあったが、漁業権を持つ矢玉漁協で若手を中心に反対運動が起こり、住民の90％以上の反対署名を集めて設置反対を表明した。70年5月、矢玉漁協の総会に出席させられた町長は原発設置を説明したが、反対意見が強かったため、ついに「いちおう現状では困難なので見合わせる」と言明せざるを得なかった。[*1a、1b]その後77年に中国電力から地元へ正式の建設申し入れがあり、78年には要対策重要電源に指定されたが、同年の町長選挙で原発反対候補が当選し、町長・町議会は建設拒否を中国電力に伝えた。以後、地元は反

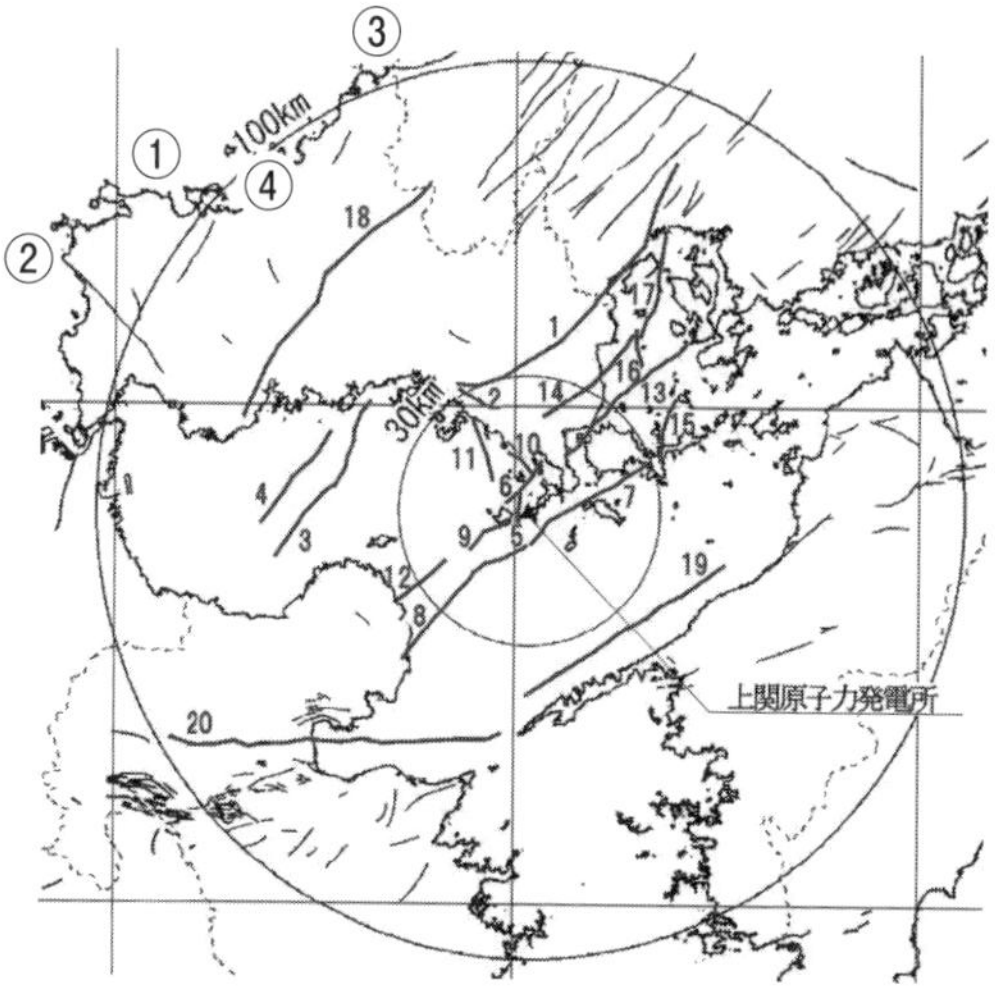

図1　上関町周辺の主な活断層分布。2km 沖合の5が最も影響が大きいとされたF-1断層群。①〜④は立地が断念された長門、豊北、田万川、萩の候補地（出典：引用文献12の配付資料C-01の28頁より抜粋した図面に立地断念地を追記）

対の姿勢を崩さず、94年に至って要対策重要電源の指定は解除された。[*2、3]なお、神田岬は山口県西部の菊川断層の線上にあり、最近の海底調査結果によると断層の総延長は40㎞以上に及ぶ。[*18]

田万川町では、73年冬に宇生地区で原発立地調査が行なわれていることに住民が気づいた。3月には適地であるとの報告が広島通産局より町長にあった。夏には地元の江崎漁協が全組合員の署名を添えて計画撤回と調査打ち切りを町議会に要望した。その後、周辺漁協や地域住民へも反対運動が広がり、10月には反対同盟会が発足、沿岸漁民の総決起大会が開催され、下関市から島根県益田市までの漁協から1400名が参加し、隣接の須佐《すさ》町議会が原発建設反対を決議する中、田万川町議会も江崎漁協から出された原発建設反対請願を採択した。電力会社の工作や右翼の介入もあったが、町長や町議会が「賛成」を口にできない状況が作り出され、計画は10年ほどで立ち消えた。[*1c]

萩市では82年6月に三見の河内地区での計画が報道され、83年1月に中国電力は原発予定地であると正式に公表した。86年には市議会が立地調査を求める請願を採択したが、計画中心部の土地は反対派により共同登記され、95年になって、市の原発問題対策室は廃止された。[*2、3] 立地点は市役所から僅か6㎞西の海岸で、観光都市を目指す市民の賛成は得られなかった。

このように、日本海側での計画が頓挫する中、中国電力は瀬戸内の上関町で建設計画を進め、計画が表面化した1982年6月から33年が経過している。この間、町長と議会の多数派が原発を誘致するという形をとり、町長選挙や町議会議員選挙で常に多数派を制するなか、祝島《いわいしま》の漁民や長島の地権者の反対を様々な方策で封じてきた。[*4]

しかし、粘り強い反対運動を続けている祝島の島民を初め、町民の三分の一は反対の意志を維持している。[*5] また、予定地周辺は自然が豊かで、希少動物等が次々に発見され、その保護も争点になっている。[*6、7] 2011年になって、中国電力は埋め立て準備工事を強行しようとしたが、反対派とトラブルになり、一時中断を余儀なくされた。[*8] そのさなかに東日本大震災が発生し、原子力安全保安院（当時）による審査も止まり現在に至っている。

1　計画の概要と経緯

（1）原発計画の概要

山口県の本土最南端、室津半島の先に架かった上関大橋でつながった、自然豊かな瀬戸内海に浮かぶ細長い島が上関町の長島である。この長島の南西端の入り江を14万㎡埋め立て、51万㎡の敷地を造成し、1機あたり熱出力393万kWの改良沸騰水型軽子炉（ABWR、電気出力137・3万kW）を2機設置するというのが中国電力上関原発の建設計画である。[*9、10] この型の原子炉は2005年12月に着工し93％の進捗段階で東日本大震災のため工事が中断している島根原発3号機と同型・同出力である。2009年の当初計画では上関1号機の営業運転は2018年、2号機はその4年後となっていた。[*9] 2機が稼動すると毎秒190㎥の海水を冷却に使用し、放出口では7℃ほど高温となるとされ、環境へのさまざまな影響が懸念されている。

（2）経緯

上関原発計画をめぐる主な出来事を年表の形で示しておく。[※6、9]

1982・6　町長が町議会で町民の合意があれば原発誘致と言明

1983・4　上関町長選挙で推進派の片山氏が初当選、（以後、5期20年）

1985・5　中国電力が、長島の西南端の入江、四代田ノ浦を「適地」と町に報告
1988・9　上関町より中国電力に原発誘致を正式に申し入れ
1994・12　中国電力は、立地環境調査を開始　（～1996・2）
1996・11　中国電力は県と町に原発建設を申し入れ、1998年より用地買収開始
2000・4　祝島漁協を除く関係8漁協で中国電力と漁業補償契約締結
2001・6　経済産業大臣は4月の知事意見を踏まえ、上関1、2号機を組み込んだ電源開発基本計画を決定
2008・6　中国電力が原発建設予定地の埋め立て許可を、8月には林地開発許可と保安林の指定解除を申請。それぞれ10月と12月に山口県が許可する
2009・4　中国電力の「準備事務所」が設置され、準備工事が始まる
2009・9　中国電力が、埋め立て工事に着手しようとするが、反対派の阻止活動により、着手ならず
2009・12　中国電力は上関原発1号機の原子炉設置許可申請を経済産業省に提出
2010・5　原子力安全保安院が建設予定地・田ノ浦を現地視察
2010・7　原子力安全保安院は事前地質調査が不十分だとして異例の追加の調査を指示し、敷地内および周辺地区（広島～周南を含む）で追加調査開始
2011・2　1年3か月ぶりに埋め立て工事を再開したが、計画に一貫して反対してい

る祝島漁民を中心とする反対派住民と激しく攻防し、以来、工事中断
2011・3　東日本大震災を受け、山口県知事が中国電力に対して慎重な対応を求める
2011・6　県議会で二井知事は、「現段階では、国の原子力政策や原発の具体的な安全対策が示されず不透明な状況にあり、新たな手続きに入ることはできない」と述べた
2012・10　埋め立て免許の期限が切れる直前に、中国電力は免許の3年間延長申請を提出。同時に埋立高さを10mから15mに変更と届ける
2013・3　前年に選ばれた山本知事は安倍政権の誕生後、判断の先送りを決定
2013・8　埋め立て禁止の住民訴訟を提訴
2014・5　村岡知事は埋め立て免許延長許可の判断をさらに1年先送り
2015・6　知事は判断をさらに1年先送り

（3）上関町について

平成の大合併を経て山口県下の自治体数は13市6町に減った。この中で合併せずにいるのが熊毛郡上関町で、県下で最小規模の自治体である。主要3島（長島、祝島、八島）と本州の室津半島の西側先端部からなり、1958年に上関村と室津村が合併して町となった。1970年に8308人であった人口は単調に減り続け、2010年の国勢調査では3332人で、その構成は極端な逆ピラミッド形である（20才未満は9・4％）。面積は35

㎢で、人口密度84人／㎢は山口県の231人／㎢の1／3。町財政の当初予算44億円のうち、町税収入は5・5％。漁協組合員は449人だが漁業水産従事者は191人で、高齢化とあいまって、盛んだった漁業の衰退が窺える。産業別従事者ではサービス業のみが増加傾向にある。*11

室津半島側の隣接する平生町は平野部が多く、面積はほぼ同じであるが、人口は1万3491人と多い。町財政規模は51億円で、人口の割に上関町の予算規模の方が大きいのは、電源三法の交付金によるものと見受けられる。

2　安全上の諸問題

(1) 原子力安全・保安院での審査

2009年12月に中国電力は1号機の原子炉設置許可申請を経済産業省に提出した。*10 申請書で目を引くのは、基準地震動を水平動800ガル、鉛直動533ガルとしていることである。この2つの振動が加算されれば961ガルである。現在、原発の再稼働をめぐって、基準地震動の見直しが行われているが、建設計画時からこのような大きな値を想定しているところはわが国の原発では数少ない。

それは陸域で既知の岩国～五日市断層などの複数の断層帯に加えて、事前の地質調査の結果、上関町周辺には図1に示すように、数多くの海底活断層が見つかったからである。*10

原子力安全保安院は、2010年5月に現地視察し、*12 7～9月の地盤耐震意見聴取会で専門家から、別の断層群とされていたものがつながって連動する可能性が指摘された。また、陸域の破砕帯や活断層の精査が求められた。[*13]

その結果、中国電力は、異例の追加調査と活断層評価の見直しを開始した。[*14] 周辺陸域は2011年の第1四半期まで、海域は第2四半期まで、敷地内の追加試掘抗調査は第3四半期までの予定であったが、[*15] この工程の途中に東日本大震災が発生し、調査は中断しており、結果は公表されていない。

(2) 地盤耐震上の諸問題

長島の地質は、基本的には白亜紀の領家変成岩と花崗岩およびこれを覆う第四紀堆積物・風化物から構成される。[*12] つまり約1億年前に堆積岩がマグマの貫入を受けて700℃5千気圧程度の条件で変成・結晶化した縞状片麻岩が原子炉建設予定地の岩盤をなす。

岩質については、一般には表1のように堅牢さ・密着度より上質のAから簡単な打撃で壊れるDまでの分類があり、Cは、さらに良質な方からCH、CM、CLと細分化されて表現される。

	一般的区分		中国電力の岩級
良	A		
	B		KH
	CH　比較的堅硬		KM
	CM　多少軟質		KL
	CL　軟質		KD
不良	D 著しく軟質		

表1　堅さ、密着度、剥離面による岩盤の一般的区分と中電の岩級．対応は直接的ではない

一方、中国電力の資料では、上位よりKH、KM、KL、K

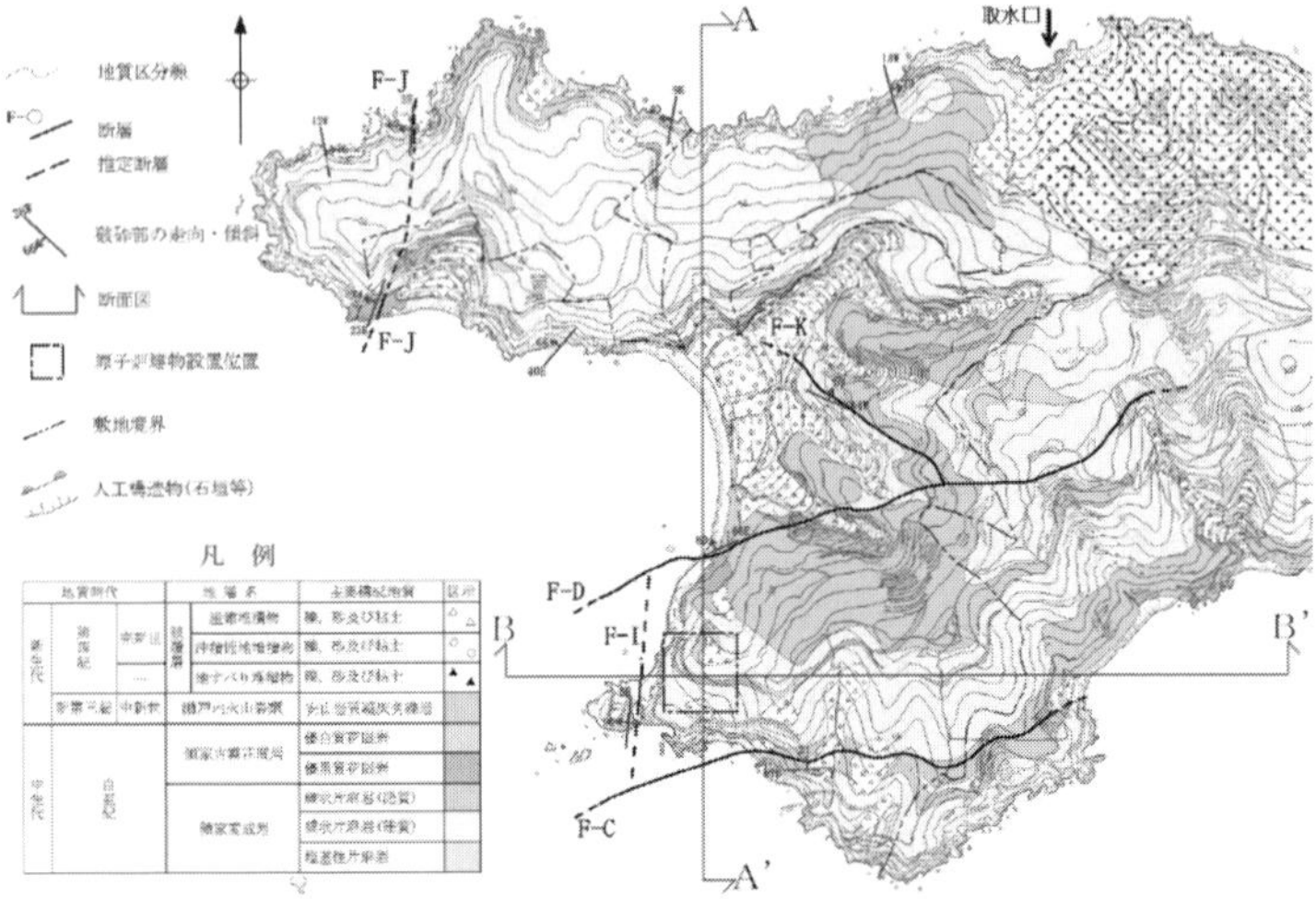

図２　上関原発敷地の地質；F-C などの線は断層。１号炉の箇所で交差の AA' および BB' の断面図は図３に示す。２号炉は１号炉の 150m 北の F-D 断層の真上とされる。（出典：引用文献 12 の配布資料 C-01 の p.20 より抜粋、切り取り、凡例の配置変更、説明付記などの加工を施している。）

Dの四つの岩級を設定し[16、17]、1号機の岩級はおおむねKMとKLであるとしている（ちなみに2号機の場所と推定される付近の地盤はいっそう悪い）。また、取水口付近は第四紀の地すべり及び崖錐堆物が分布しており、危険性が指摘されている。[13]

原発敷地の平面地質図と原子炉設置場所の断面地質図[12]をそれぞれ図2、図3に示す。

1号機の岩盤はあまり良質ではない片麻岩であることと、顕著な破砕帯（幅が2m以上に及ぶ）および断層が直下に縦横にあることは、堅牢な岩盤と評するわけにはいかないであろう。

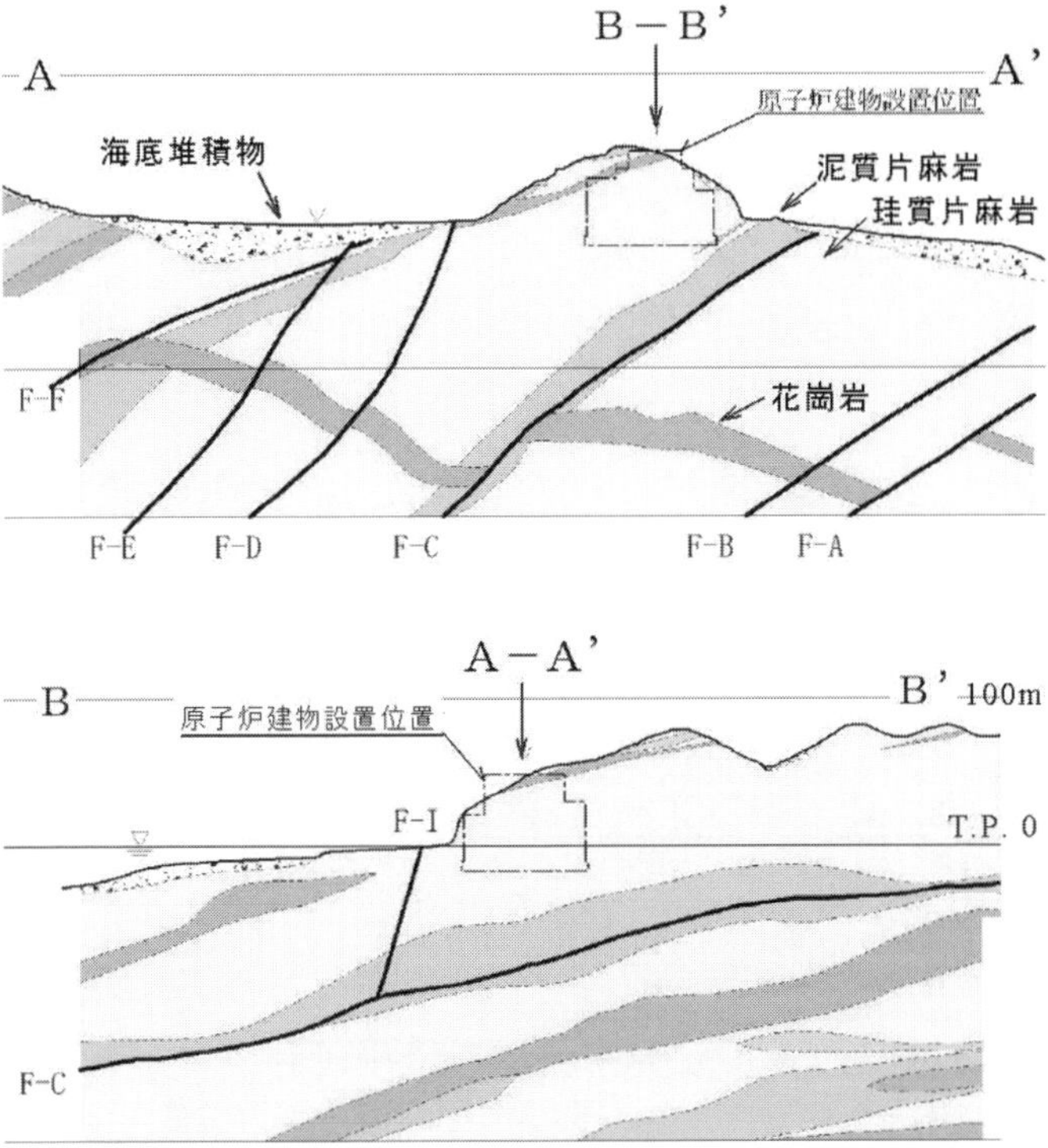

図3　北南（AA'）および西東（BB'）の地質断面の概要図；F-AからF-Iは断層で、F-Cは2m以上の破砕幅を持つ。（出典：引用文献12の配付資料C-02（2）の16頁より抜粋し説明を追記）

（3）活断層の分布

上関町長島の陸域には活断層の露頭は報告されていないが、図1に示したように予定地の数km西の海域を含め、海底には多数の活断層が見つかっている[*10、12]。

これらの活断層は、西日本に特有な東北―南西方向のリニアメント（線状模様）を示す。海底活断層の延長線上には安芸灘断層群があり、北側には岩国断層帯、南側には伊予灘北西断層帯、中央構造線断層がある。

1㎝／年で東進するユーラシアプレートに、1年あたり4㎝で北西に進むフィリッピン海プレートが沈み込む影響で、大陸プレート内部で地盤のズレが生じることになる。[*18] プレート境界型巨大地震に比べると地震の規模は小さいが、原発敷地の近辺、直下で動くと、甚大な被害が懸念される。

長島周辺にあるF―1、F―3、F―4、F―5の四つの断層帯群（図1に示したそれぞれ5、7、8、9の活断層）が個別に活動するとして中国電力は基準地震動を算定した。[*16] しかし、素人目にも数多くの活断層が無関係であるとはとうてい読めない。原子力安全保安院の地盤耐震意見聴取会でも、専門家からは中国電力が別物と区分した断層の連続性や連動性、さらには岩国断層などの大きな活断層との関わりを指摘されており、[*13] 基準地震動の見直しは必須と思われる。

（4）南海トラフ巨大地震

東海・東南海・南海の地震が連動して、M9クラスの巨大地震が数十年以内におこることが広く危惧されている。中央構造線から北側は震源域とは推定されていないが、広大な震源域に隣接しており、中央防災会議（2012年）の資料では、上関町の震度は6弱、津波高は最大5ｍとしている。幕末の安政南海地震の記録にもこの程度の地震と津波が実際にあったことが記されている。[19]

当初、中国電力は、上関原発の埋め立ては5ｍと10ｍの2段で用地造成を計画していたが、２０１２年10月に、すべての用地を海抜15ｍに変更する埋め立て工事の設計変更を山口県に届け出ている。[20]

なお、中央構造線を構成している伊予灘断層帯が動く場合、近距離ゆえに南海トラフと同程度の津波が想定されている。[12] この場合、地震発生から津波到来までは短時間である。

（5）その他の地震と火山噴火

伊予灘および日向灘周辺は、２００８年まで地震の特定観測地域に指定されていた。実際、この地域および北辺の伊予灘や安芸灘では、しばしば地震が発生している。最近でも２０１４年３月14日にＭ６・２の地震があり、愛媛県西予《せいよ》市では震度５強を記録した。だが、こうした地震の多くは沈み込むフィリッピン海プレートの内部で起こるスラブ内地震であり、震源の深さは数十～百数十㎞と深いので、深刻な被害は少ない。

しかし頻繁に起きていることは、プレート境界付近さらには内陸プレートに歪みが溜まっていることを示すと考えられる。実際、山口県中央部の大原湖断層系では10数年ごとに内陸活断層地震が起きており、[19] 岩国断層帯および上関町周辺でも起きるであろう。瀬戸内海は、日本列島の形が形成された１５００万年ほど前には、活発な火山活動があった。上関町の祝島は、その時分に領家変成岩を突き破って火山岩が噴出して島の形が作られている。

他方、山口県北部の阿武火山群は、数十万年前から1万年前にかけて噴火があった。現在、西日本で活動しているのは桜島、霧島、阿蘇、雲仙、久住などの九州の活火山である。中国電力の資料では、半径160㎞圏内の27の第四紀火山を列挙した後、「原子炉施設の安全性に与える影響は無い」と想定外であることを述べるにとどまっている。[*16]

しかし、9万年前の阿蘇の火砕流は山口県の秋吉台付近まで達したことが知られているし、7千年前の鬼界カルデラの噴火は九州の縄文文明を滅ぼしたといわれている。数十万年にわたる火山の寿命からいえば、再びそうした大規模な噴火が起こらないと断定することはできないはずである。

（6）地理的問題点

原発が立地する長島は、本土とは1本の橋（上関大橋、橋長220m、1969年竣工）でつながっており、光市や柳井市方面からの県道はこの橋を通って長島の南西の集落四代までつながっている。その先の町道と中国電力の取り付け道路を通って原発敷地に達する。

橋は、塩害等で腐食が顕著だとして2013年までの数年間をかけて、腐食の進行を抑える修復・補強工事がされた。[*21] 強い地震に対する強度は十分であろうか。

橋から原発敷地までの10㎞余の道筋には、風化した花崗岩などの表土や地滑り堆積物、崖錐堆積物が確認されている。地震や豪雨による崖崩れ、山崩れで車両通行に支障が出るおそれがある。万一の原発事故では、事故対応車両と避難車両は1本道を円滑に通行できるか心配である。

放射能事故で一番危惧されるのは、海を隔てて遮蔽物なく原発から4km先にある祝島の住民の避難であることも忘れてはならない。

上関原発から30km圏内には柳井《やない》市、光市、下松《くだまつ》市、大島郡、熊毛郡《くまげぐん》、さらに岩国市の一部が含まれ、約20万人が暮らしている。3〜5km圏内の対策でかたづけられていた2011年以前の考え方で、人口過疎の島に建設するとしてすませるわけにはいかない。

非常時の問題以外に、埋め立てや温排水放出にともなう瀬戸内海の環境破壊がある。長島や祝島周辺は豊後水道から入ってくる海流により豊富な海洋生物が生息しており、数々の稀少生物も知られている。生態系への悪影響が指摘されている。[*6、7]

最近、川内原発からの事故で大量の放射性物質が海洋に放出された場合の拡散過程が、海洋シミュレーションされた。[*22] 内海に入り込んだ汚染物質は容易には外海に出ていかない。伊方原発や上関原発から汚染物質が放出されれば、瀬戸内海と沿岸部は長期にわたって深刻な被害を受けるであろう。

最後に、上関町は、米軍海兵隊と海上自衛隊の岩国基地の滑走路の南西45km先に位置し、米軍の四国・九州・沖縄方面の訓練飛行ルートへの回廊であると思われる。航空機事故の危険性には、特別な注意が必要であろう。

おわりに

上関原発計画は、隣接する四代地区と祝島に住む住民の意向に反して建設計画が進んできたことについて、住民合意のあり方として特記すべきである。上関でも歴史が古い四代八幡宮の所有地を売却することには、神主と氏子が同意しなかった。しかし神社本庁が神主を解任し、山口市の神官を併任させて中国電力へ売却となり、解任された神官と氏子は裁判に訴えたが、敗訴という経緯をたどった。

このような無理強いで用地買収を進めたせいか、原発敷地は十分に広いとは言えないし、買収できなかった民有地を内包し、かつ周辺民有地との境界も入り組んでいることは図2に示されている。中国電力の当初計画では用地は約170万㎡としていた。[*23] 先に見たように現状では海面埋め立て地を含めて用地は51万㎡にすぎない。原発背後の山を急斜面で切り取ることになっており、崖崩れのおそれがある。狭い敷地に無理矢理2機の原発を計画しているので、2号機の建屋はF—D断層の露頭上で、かつ海底堆積物を埋め立てた地盤上に位置せざるを得ないようである。面積に余裕がないことは事故処理の大きな支障となろう。

祝島の住民は、集落の眼前に原発が建設されることは容認できない。周辺海域での漁業に一番関わりがある祝島漁協の反対を押し切り、他の8漁協で中国電力と漁業補償契約を締結したことは、たとえ法律的に有効であっても道義的にはあってはならない。このような理不尽さへの怒りが、33年余にわたって反対行動を続ける力となっている。

次に埋め立て問題に触れる。最初の公有水面埋立免許は、２００８年から3年間のものであったが、経過で見たように、東日本大震災以後、埋立高のかさ上げを申請すると同時に、埋立免許の延長申請を提出している。県の内規では、申請後1年以内に結論を出すことになっているが、県は、２度にわたって免許許可の判断を先送りしている。この行政の不作為は税金の無駄遣いであるとして住民団体が起こした監査請求は却下されたため、現在訴訟に入っている。

関西電力大飯原発の運転再開差し止めの福井地裁判決が示したように、いったん過酷事故が起これば１５０㎞圏内に入る山口・広島・愛媛・大分県は、甚大な放射能汚染を受ける可能性がある。海面埋め立て許可免許延長を認めないことで県知事は、住民の暮らしと命を守るべき使命を果たせるはずである。

不利益を被る住民の意向を切り捨てて、上関町は原発誘致に動いた。農業以外にさしたる産業もない町にあって、高齢化と過疎化を食い止める活性化策と考えたのかも知れない。

しかし、原発計画の進展と電源三法に交付金配分が有効に使われなかったためか、１（3）で述べたように、上関町の人口減少には歯止めがかかっていない。２０１４年8月の住民基本台帳では人口は３２１８人で、65歳以上の高齢者の割合（高齢化率）は52・8

%となっている。

山口県は、都道府県別高齢化率が全国4番目に高いと言われているが、上関町は県の割合の2倍ほどで、県下で高齢化率一位の自治体となっている。観光産業にも力を入れているが、3・11以降、原発立地と観光は両立できないであろう。人口高齢化と過疎化の回避は容易ではないが、原発がなければいずれの日にか、若い住人が戻ってこられる自然豊かな瀬戸内海の島を維持できるはずである。この転換は、今をおいてはないであろう。

埋め立て工事はまだ止まったままであるが、中国電力は、国の原発政策とこれを根拠にした山口県のゴーサインが出れば、直ちに建設再開ができるよう準備を怠っていない。

謝辞：本稿の内容は著者の長年の研究領域とはかけ離れているが、要請により日本科学者会議第27回中国地区シンポジウムで発表した内容に加筆し、また「日本の科学者」（2014）49巻、p.692に発表した記事に、はじめにの部分での加筆修正と、おわりにの部分で敷地面積の問題を加筆したもので、有益な助言をくれた友人に感謝したい。

注および引用文献

＊1a　日本科学者会議山口支部公害研究委員会報　（1971）No.2, p.4.

＊1b　日本科学者会議山口支部つうしん　（1972）No.11, p.3.

＊1c　日本科学者会議山口支部つうしん　（1973）No.20, p.2; 中村氏（旧田万川町住民）からの聞き取り、

２０１４年8月、萩市弥富公民館にて。
＊2　原子力資料情報室 編『原子力市民年鑑98』（七つ森書館、１９９８）p.94-96。
＊3　野口邦和 監修『原発・放射能図解データ』（大月書店、２０１１）p.29。
＊4　ストップ上関原発！　http://stop-kaminoseki.net/
＊5　祝島島民の会 blog http://blog.shimabito.net/
＊6　上関の自然を守る会 http://kaminosekimamoru.seesaa.net/
＊7　中国電力ホームページ「貴重な動植物について」
http://www.energia.co.jp/atom/kami_eco3.html
＊8　朝日新聞「プロメテウスの罠：抵抗32年の島」2014.9.5~9.26
＊9　中国電力ホームページ「上関原子力発電所建設計画」
http://www.energia.co.jp/atom/kami_kensetsu.html
＊10　中国電力プレスリリース２００８・12・18「上関原子力発電所1号機の原子炉設置許可申請について」。
http://www.energia.co.jp/atom/press09/p091218-1.pdf
＊11　上関町２０１１年町勢要覧、町役場ホームページ。
＊12　原子力安全・保安院地盤耐震意見聴取会　第70回　配付資料 http://www.nsr.go.jp/archive/nisa/shingikai800/2/ 070/j000000-70index.html
＊13　原子力安全・保安院地盤耐震意見聴取会議事録、第72、73回、http://www.nsr.go.jp/archive/nisa/shingikai800/2/ 800_2_index.html
＊14　中国電力プレスリリース 2010.9.14「上関原子力発電所原子炉設置許可申請に係る追加地質調査の計画について」http://www.energia.co.jp/atom/ press10/p100914-1.html
＊15　原子力安全・保安院地盤耐震意見聴取会 第75、79回 配付資料
＊16　原子力安全・保安院地盤耐震意見聴取会 第72、73回 配付資料
＊17　坪田・家島・山口　応用地質学会中国四国支部Ｈ23年度発表論文　http://www.jseg.or.jp/chushikoku/ronnbunn/PDF/PDF23/2302.pdf。
＊18　西村・今岡・金折・亀谷『山口県地質図第３報（15万分の一）説明書』（山口地学会、２０１２）。

＊19　金折裕司『断層地震の連鎖』。（近未来社、２０１４）

＊20　中国電力プレスリリース ２０１２・10・５「中電提出の埋め立て申請変更上関原子力発電所（1、2号機）建設に係る公有水面埋立免許の「設計概要変更・工事竣功期間伸長許可申請書」の提出について」。http://www.energia.co.jp/atom/press12/ p121005-1.html

＊21　山口・岡本・大久保・林「上関大橋補修・補強工事の施工報告」川田技報 33（２０１４）論文・報告12。

＊22　朝日新聞西部本社版　九州大学応用力学研究所広瀬直樹氏の研究の紹介記事（２０１４・６・25）。

＊23　日本科学者会議山口支部「原子力発電とその問題点（改訂版）」（１９８６）p.35.

（初出『日本の科学者』２０１４年12月号）

岡山県日生町

岡山県日生町《ひなせちょう》における原発立地阻止の運動と地域の現状

磯部 作

東日本大震災にともなう福島第一原子力発電所の事故は、長期にわたる深刻な放射能汚染を発生させた。福島県浪江町などでは、長期間、居住が不可能になっており、地域の生活や産業が壊滅的で深刻な影響を被った。

日本では原発立地を阻止した地域も多く、今後の運動に資するためにも原発立地を阻止した運動や地域の状況について考察する必要がある。そこで、1972年に原発立地を阻止した岡山県和気郡日生町（現、備前市日生町）における原発立地阻止の運動と地域の現状をまとめる。

筆者は、日生町漁業協同組合の建物に原発反対の垂れ幕が懸けられていた1970年以後、日生町には何度も行き、沿岸域の景観問題や漁業者による観光・レクリェーションへの対応、魚介類の直販事業や体験漁業、海底ゴミ問題への取り組み、アマモ場再生の活動などを調査研究してきた。日生町の原発立地阻止の運動と漁業の状況については、東日本大震災による福島原発事故発生後に、漁業者の取り組みを中心にまとめている。

ここでは、日生町の原発立地阻止の運動全体と地域の現状について、日本科学者会議の岡山支部の取り組みなども含めてまとめる。*1

日生町の概要

日生町は、岡山県東南部の兵庫県境に位置し、瀬戸内海の播磨灘に面しており、本土側の日生地区、寒河地区、島部の鹿久居島《かくいじま》、頭島《かしらじま》、大多府島《おおたふじま》、鴻島《こうじま》の四つの有人島と13の島がある日生諸島からなっている。日生町の面積は35・9㎢で、島嶼部の鹿久居島などは、1934年に日本で最初に指定された瀬戸内海国立公園に含まれている。

原発立地が問題になっていた1970年の日生

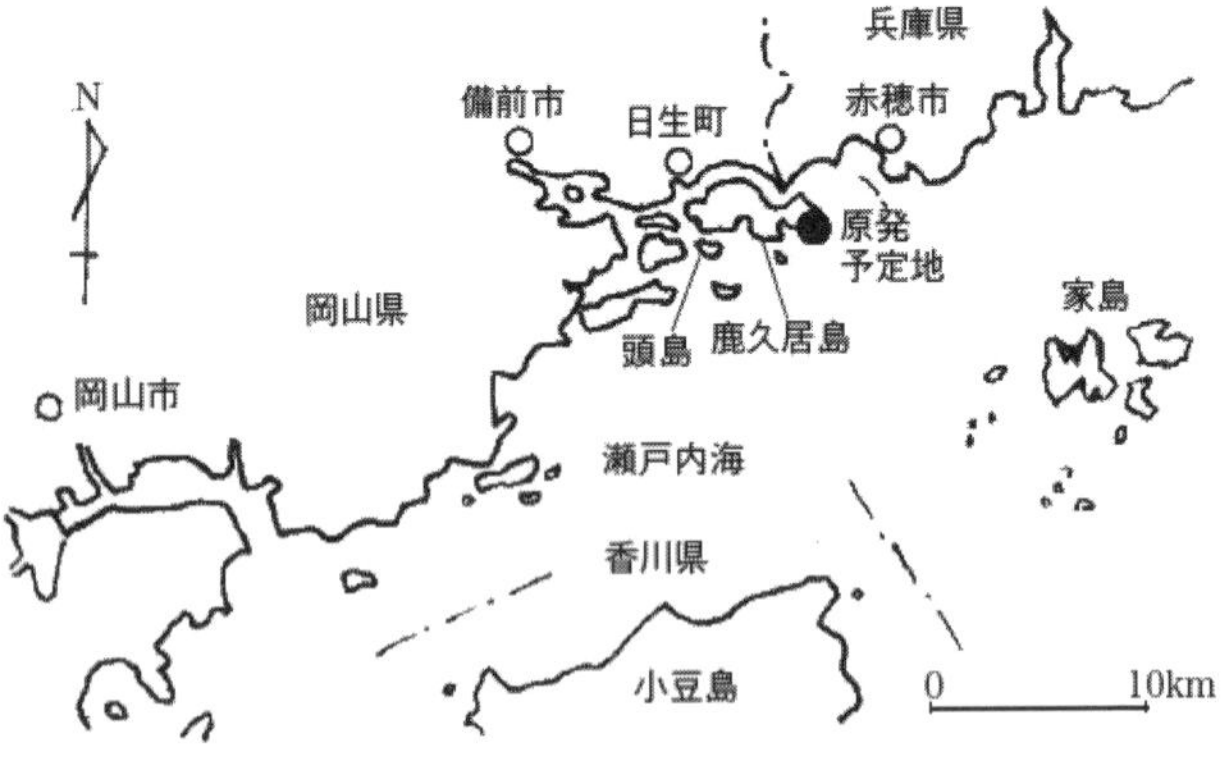

図　日生町鹿久居島原発予定地周辺図

町の人口は1万1327人であり、日生町の主要産業は、漁業や海運、製網や耐火煉瓦工業などである。

漁業では、1970年当時、日生町には日生町漁協と頭島漁協の2漁協があり、小型底曳網漁業や小型定置網漁業などとともにカキやノリの養殖業が行われていた。1969年度の組合員数は、日生町漁協が正組合員119人、准組合員68人の計187人、頭島漁協が正組合員55人、准組合員28人の計83人で、水揚げ高は、日生町漁協が2億5100万円、頭島漁協が5800万円であった。

日生町への原発立地計画と阻止運動の経緯[*2]

日生町への原発立地は、瀬戸内海に浮かぶ瀬戸内海国立公園第二種特別地域の風光明媚な鹿久居島の東端に、軽水炉型の出力75万kWの原発が中国電力によって計画され、総工費は約450億円で、1974年度に着工して1978年度に営業を開始する予定とされていた。

原発立地が計画されたのは1967年で、「町の発展と、住民の豊かな生活を保障する原子力発電所」と喧伝された。原発立地が計画されて以後、1968年には、日生町議会が原子力発電所調査特別小委員会を作り、中国電力は原発立地先進地域への視察と称して、町会議員への歓待旅行を行っていた。

1970年1月には、中国電力が「公害のない現代科学の最先端を行く、花形産業原子力発電所」というキャッチフレーズで日生町に鹿久居島の原発立地を正式に申し入れたが、日生町は即答を避けている。ただ同年2月には、岡山県知事が原発誘致に前向きに取り組むことを言明している。

これに対して日生町の漁協は、原発立地に反対していった。『日生町漁協議事録綴』では、1970年2月には「中電が建設したいと調査を申し込んできているが組合としては基本的には反対である」と記している。

また、1970年3月上旬には、日生町、頭島両漁協の全員が、中国電力の説明を聞くとともに、同年3月下旬には、百数十名の漁協組合員が4班に分かれ、自費で福井県美浜や敦賀、島根県鹿島《かしま》などの原発推進地を視察している。

そして、同年4月には、日生町漁協と頭島漁協との間で合同の調査委員会を設置して協議しており、『日生町漁協議事録綴』には「基本的には反対であるが、未知の面も多々あるので調査研究することに決定し、結論はでなかった」と記している。

1970年4月には、日生町議会の原子力発電所調査特別小委員会が島根県鹿島町を視察しており、同年5月には、同委員会が、とりあえず陸地部の予備調査を認める方針を決めている。

1970年5月には、日本原子力産業会議の科学技術週間行事で、原子炉安全専門審査会長の内田東大教授が「原子力の安全性に関して」日生町で講演し、「原発は安全、不安を感じるのは〝核アレルギー〟だ」と、原発の安全性を強調した。

また1970年5月から7月には、中国電力が、約1000万円の費用をかけて、日生町の全世帯に、1世帯1人当てで約1300人の町民を福井県の敦賀、美浜に招待している。しかし、稼働している原発を見学に行ったことなどにより、このころから原発の危険性を見抜き始めた日生町の住民は、鹿久居島原発反対実行委員会を結成して、反対署名700人を集めている。

日生町漁協は、『日生町漁協議事録綴』によると、7月にも「基本的にはあくまで反対である」としているが、8月には「原発について態度決定を協議したが結論が出ず、保留」としており、日生町、頭島両漁協が「原発建設には反対だが、一次調査の妨害はしない」と決定している。

日生町の住民は、高温の冷却水による漁場荒廃や原発事故、放射能汚染を心配しており、特に、内海の条件は外洋と同一視できないことなどを強調するようになっていった。

その後、1970年9月には、岡山県と兵庫県の両原水協が主催し、日本科学者会議岡山支部も加わり、鹿久居島原発反対実行委員会が中心になった現地調査が行われた。また、神戸大学の金持徹氏より、瀬戸内海に原発を設置することの危険性について解説がなされ、鹿久居島原発反対の訴えがなされた。1970年9月には、中国電力が国立公園や国有林の関係で厚生省や林野庁に許可申請を出しているが、日生町の漁協は、「二次調査は、原子炉の安全性や温排水の影響など納得できる科学的結論が出ない限り絶対反対」との基本的態度を変えていない。

当時、日生町を含む和気郡４町の合併推進の運動が進められていたが、日生町は１９７０年10月に備前市の合併から離脱した。日生町ではその混乱の責任をとって町長が辞任したため、11月には町長選挙が実施された。この町長選挙では、合併反対と安全性が確認できない原発の立地阻止で、旧日本社会党と日本共産党が政策協定と組織協定を結び、統一候補を擁して保守系候補と争ったが、３５７６票対３２９１票の僅差で敗れている。

１９７０年12月には、日本科学者会議岡山支部が、京都大学の永田忍氏を講師に招き、岡山大学などから約70名が参加して、鹿久居島原発問題についての学習会を実施した。また、日生町においても、鹿久居島原発反対実行委員会の主催による、原発問題に関する永田氏の講演会を開催している。

このように学習会などを重ねるなか、日生町漁協は１９７１年1月に、原発の問題については「今後もますます反対を続けることを再確認」している。

とりわけ１９７１年5月には、日生町漁協は、組合長より「放射能の件について発電所は危険である」との説明もあり、満場一致で「原子力発電所設置絶対反対」を決議している。頭島漁協も「原発絶対反対」を決議している。そして同年6月には、両漁協で「『原子力発電所建設反対について』陳情書」を岡山県議会に提出している。

また1971年6月には、軽水炉型原発の危険性が欠陥炉問題として報じられたため、日生町漁協は再び「誘致絶対反対」の態度を明らかにしたが、厚生大臣の諮問機関である自然公園審議会管理利用部会は、第一次調査を承認している。

これに対して、1971年7月には、日生町漁協前広場で、日生町漁協と頭島漁協が「原発反対漁民総決起大会」を開催している。

1971年8月には、環境庁長官が「ボーリング調査の許可は、原発による自然破壊への影響と放射能公害がはっきりするまでしない」と言明した。

1972年2月には、日生町の東に隣接する「兵庫県赤穂市の公害をなくす赤穂市民の会」が、岡山県に対し、「漁民から漁場を奪い、瀬戸内海を汚染する」などとして、鹿久居島原発建設反対を申し入れている。

また、同年2月には、岡山県議会の厚生環境委員会が、「放射能排出などに関する安全性が確認されない限り、建設は適当でない」と決議している。

しかし、1972年2月10日には、環境庁長官が「鹿久居島原発の第一次陸上部門の調査を、ボーリングには特に問題がないので許可したい」と発言した。これに対して、日生町漁協などが反発し、日生町漁協は、1972年2月13日を漁協全員一斉休業にして、頭島漁協などとともに、全町有権者を対象にして反対署名活動にとりくみ、有権者約

８０００名中５２００名の反対署名を一両日で集めて、岡山県庁や環境庁などに陳情に行っている。

この結果、１９７２年２月16日には、環境庁長官が「原発は不許可にしたい」と表明し、２月25日には、岡山県知事が反対を表明するに至った。

１９７２年３月13日には、岡山県議会で、日生町・頭島両漁協、および鹿久居島の東部にある兵庫県の家島町民と漁協から提出された「鹿久居島原発立地反対」の陳情書が、満場一致で採択された。

また、３月18日には日生町議会で「近代科学の限りない前進を信じつつ、五千有余の原発反対意見を十分尊重し、未解明部分の氷解、住民感情の融解を期待し、特別委員会を解散し、調査研究は中止する」との原発中止の決議を行い、鹿久居島への原発建設は阻止されたのである。

日生町・頭島両漁協の陳情書

１９７２年３月13日に岡山県議会で採択された日生町・頭島両漁協からの『『原子力発電所建設反対について』陳情書」の内容は、１９６７年以降の日生町鹿久居島への原発建設計画反対運動の経緯と両漁協での反対決議を明記し、その反対の理由として、「１．放射能汚染は、温排水以前の問題である」ことと「２．温排水は養殖漁業を壊滅させる」をあげ、次のように具体的に解説している。

「1．放射能汚染は、温排水以前の問題である」では、当初、「直接漁業被害の重点が温排水にあると判断した」が、「放射能が許容量の如何を問わず現実に放出され濃縮されて各所で問題化されていることを知るに及び、放射能汚染こそ温排水以前の問題として重視し反対されるべきである」としている。

続いて、1971年2月に、福井県の敦賀海域でコバルト60などによる魚介類汚染が徐々に出はじめたことを知ったことが記されている。そして、「今日の公害洪水の中でもその最たる放射能被曝」と書いており、「原発誘致により、今後日生町の漁業は恐るべき被曝漁業として消費者に敬遠され、やがて完全に没落するであろう」としている。

「2．温排水は養殖漁業を壊滅する」では、「放射能性温排水」による「人工河川によっておし流される」と書き、1961年に開始されて1971年に本格的な垂下式養殖を行いだしたカキ養殖業と、1967年に開始されたノリ養殖業に多大の被害を発生させることを指摘している。また、魚介類についても「漁業が原始産業である以上自然の条件が歪められ破壊される」として「弊害こそあれ利益に繋がることはない」とし、推奨される「温水利用による魚類・エビ類の養殖などは、その失われた他の利益に比べれば微々たるもので、その代償として考慮する価値はない」と断定している。

日生町の地域の現状

日生町は、平成の大合併の中で２００５年に和気郡《わけぐん》吉永町《よしながちょう》とともに備前市に合併している。合併時の備前市の人口は４万１９５４人である。

備前市では、日生町で鹿久居島原発を拒否した教訓を基に、福島第一原発事故後の２０１１年６月には、備前市議会が「『自然エネルギーのまちづくり』推進決議」をしている。そこでは、「原子力エネルギーからの脱却、自然エネルギーへの方向転換」を明記している。

日生町漁協では、その後、水産資源を守るために漁場環境整備などにも積極的に取り組んでいる。１９８２年からは、小型底曳網漁船による海底ゴミの回収を始め、その後、通常操業の中で海底ゴミの回収を日常的に行っており、海底ゴミを大幅に減少させている。また、１９８５年からは、小型定置網の漁業者が中心となり、鹿久居島周辺海域などでアマモの播種をはじめとしたアマモ場の再生に取り組んでいる。さらに、漁業体験観光底曳網や、学校関係の体験学習を行う体験漁業なども行っている。

日生町の２０１４年９月30日現在の人口は７３８１人であり、２００５年の８１２２人、２０１０年の７５６６人に比べて減少しているが、減少率は低下している。

日生町への観光客は、２０１２年が42万人であり、２００９年の44万人より減少しているものの、２００４年の30万人、２００６年の35万人よりはかなり増加している。その背景には、美しい瀬戸内海国立公園の景観とともに、漁業を基本にした観光振興が行われていることがある。

日生町漁協の組合員数は、2014年現在、正組合員82名、準組合員70名で、カキやノリの養殖業、小型底曳網や小型定置網、流し網などの漁船漁業が営まれている。

2013年度の水揚高は14億7300万円である。その中心はカキ養殖業で、水揚高の85％以上を占めている。漁獲物は、小型底曳網漁業を中心とした漁業者が漁獲した魚介類を妻や母が直販する常設市の「五味の市」や、漁協自営の水産物直売施設である「海の駅しおじ」で、観光客などに販売されており、2013年度の直販事業の売上は3億2000万円である。日生町内の食堂で提供している特産のカキを入れたお好み焼きである「カキオコ」も、最近ではB級グルメとして人気がある。

原発立地阻止の要因と教訓

日生町で原発立地を阻止した要因としては、日生町の中心的な産業である漁業を営んでいた漁業者が、漁業権の管理団体である漁協に結集して、組合長を中心に原発立地に反対を続けていき、最後には有権者の3分の2に当たる反対署名を一両日で集めたこと、さらに、日生町の住民をはじめ、隣接する兵庫県の赤穂や家島の住民や、革新的な政党などがまとまって反対していったことがあげられる。そこには、御用学者の原発安全宣伝に対して、日本科学者会議の科学者などが、原発の危険性や問題点を科学的に明らかにして、住民に知らせていったことがあった。

東日本大震災による福島原発の事故からみても、放射能汚染の危険性を指摘して原発立地を阻止したことは、先見の明があったといえる。さらに、放射能問題を1970年代初めの「公害洪水の中でもその最たる」ものとして位置づけていたことは、「環境問題」が重視されるものの、「公害は終った」と宣伝される現状において教訓的であり、再確認していくことが重要である。また、原発からの温排水問題も、瀬戸内海などの内海においては特に重要視すべきであろう。

注および引用文献

＊1　磯部作「観光・レクリエーションに対する漁業者の対応と漁業の動向─岡山県東南部を事例として─」『西日本漁業経済論集』36巻2号（1996）、磯部作「漁業者による海底ゴミの回収の状況と課題─瀬戸内海を中心として─」『地域漁業研究』49巻3号（2009）、磯部作「岡山県日生町の原発阻止の運動と漁業・漁村の現状」『漁業と漁協』49巻9号（2011）。

＊2　瀬島昭「日生町鹿久居島原発反対運動について」『日本の科学者』7（1）、（1972）、『日生町漁協議事録綴』日生町漁協、備前市「備前市定例市議会一般質問要旨（平成23年6月15日）」（2011）、武田英夫「日生原発計画阻止への経緯」（2011）、前掲＊1磯部作「岡山県日生町の原発阻止の運動と漁業・漁村の現状」。

（初出『日本の科学者』2015年1月号）

宮崎県串間市

九州電力の宮崎県串間《くしま》原発計画を阻止——住民運動と自治体民主化の結合

佐藤　誠

串間原発立地のあくどい画策と「白紙撤回」に追い込んだ住民運動の軌跡

［第1段階］九電の串間原発発表と野辺市長の逮捕・辞任

1992年2月17日、九州電力が年明け早々に、原子力発電所を野生馬で名高い都井岬近くの荒崎海岸（図、写真）に立地したい旨を野辺修光串間市長へ打診していたことが報道されました。

内容は、当時九州最大規模の1基130万キロワット加圧水型軽水炉を初めに2基つくり、その後さらに2基つくるというものでした。そして、九州電力は、原発を受け入れるならば、地元と周辺自治体に年間数十億円の税収や交付金があると利益を強調しました。野辺市長は、市議会で「これができた場合は、地元に落ちる工事費が2500億円、固

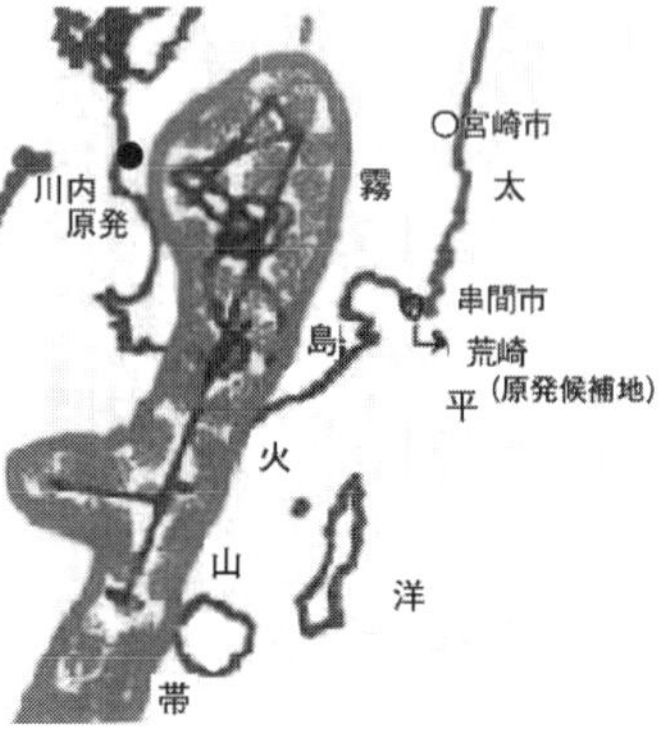

図　霧島火山帯と串間原発立地予定地（霧島火山帯と串間原発予定地の位置関係）

定資産税が15年間で1800億円、政府からの電源立地促進交付金が280億円あり、雇用効果も3000人にのぼる」と説明しました。

九州電力は、すでに前年末から、串間市区長連合会の幹部や近傍の日南市地域婦人会連絡協議会会長などを川内原発視察に招待するなどして、世論づくりに着手していました。そして、原発計画発表後の4月には、串間市の商工会、漁協、建設業協会などのメンバーを次々に川内原発や玄海原発視察に招待しました。この人たちが、「電源立地推進協議会」の発足と推進運動の中心になっていきます。

一方、串間市婦人団体連合会は、ただちに絶対反対を表明。4月11日には、幸島猿研究家・三戸サツエさんなど女性135人が呼びかけた「原発建設計画反対の会」が発足しました。「チェルノブイリ事故は原発の危険を示している。放射能から子どもを守ろう」を合言葉に、まず反対運動の先頭に立ったのは女性でした。共産党、社会党も、松形県知事や九州電力に中止の申し入れを行い、反対運動は、県内の各界・各層に急速に広がりました。

8月には、宮崎県学者・文化人の会（代表世話人：鍬田萬喜雄弁護士、世話人：永田忍

宮崎大学工学部教授など会員204人）が反対声明を発表。「宮崎日日新聞」の県民世論調査では、反対が56％（賛成25％）と圧倒的に反対が多いことが示されました。

この時期に特徴的なことは、串間市当局が、通産省（当時）の紹介を受けた原発推進の学者や評論家を何人も呼び、市主催の大規模な講演会を重ねたのに対し、反対運動側も、中島篤之助・日本科学者会議原子力問題研究委員長など学者や反原発運動家を招いて、全国の経験から学ぶ学習活動を旺盛に繰り広げたことです。

こうしたなかで野辺市長は、同年9月の市議会で原発受け入れの意向を示しました。ところが、直後の10月5日、野辺市長が串間市役所への電算機導入にあたって500万円収賄したという容疑で逮捕され、その後市長を辞任したことから、原発建設をめぐる局面は大きく転換することになりました。

［第2段階］住民投票条例公約の山下市長登場と九電の「凍結宣言」

野辺市長辞任による串間市長選挙は、1992年10月29日投票でおこなわれ、「原発への態度は無色透明。九電から正式に申し入れがあった場合は、住民投票で決める」とする山下茂氏が、共産党も支持した原発反対を鮮明にした川崎永伯氏を破って当選しました。

山下新市長は、翌1993年9月市議会に住民投票条例案を提案、可決されました。

こうしたなかで、九州電力と原発推進派の策動は激烈を極めます。九州電力は、串間市に現地対策本部を設けて20名の専従を配置、十数種の色刷りパンフを全戸配布して原発の安全性と経済効果を大々的に宣伝し、原発受け入れの世論づくりに全力をあげます。

　そのアクドサは、反対決議をした原発立地予定地・荒崎《あらさき》に隣接する永田地区の住民を連日戸別訪問して、住民から山下市長に「地区の平穏が乱されて迷惑。中止させてくれ」と要請が出されたことにも示されます。また、商工会や漁協に働きかけ、1994年2月に5団体による串間市電源立地推進協議会を発足させました。さらに串間市議会内でも推進派議員の策動を活発化させます。

霧島・桜島火山帯に近い原発候補地
（野生の御前馬で有名な都井岬から荒崎海岸を望む）

　これに対し反対運動では、JA（農協）串間市とJA串間市大束が、「原発ができると農産物が風評被害にあう」などと論議して、総会で反対を決議。原発反対のJA連絡協議会をつくって全戸規模の反対署名運動に立ち上がりました。

　こうして、1993年末には署名者が串間市有権者の59%に当たる1万2021人に達します。また、県労評が中心の「串間に原発をつくらせない県民の会」の全県的署名も12万に達しました。さらに、第1回の〝原発選挙〟ともいうべき1995年4月24日投票の串間市議会選挙では、原発反対派が9人から12人に躍進し過半数を占めました。

新構成による1995年9月市議会は、「原発建設の賛否を問う住民投票を市長の裁量でいつでも実施できることにする」とした住民投票条例改正案を可決しました。

このような情勢の下で、九州電力は突如として12月1日に「原発推進の凍結」を発表しました。

この背景には、条例改正によって実際に原発の賛否を問う全国初の住民投票になる可能性が出てきたことに、「前例を作ってはまずい」と九州電力が危機感を強め、冷却期間を置こうとしたことがあると見なされます。

[第3段階]〝原発選挙〟で山下市長が勝利。住民投票を前にして九電が「白紙撤回」

九州電力が「凍結宣言」を発表した10日後、まるで申し合わせたように、懲役3年・執行猶予4年で受刑中の野辺修光前市長が、1年後の1996年市長選挙に立候補することを表明し、公約の第一に「原発立地推進」を推し出しました。

これを見て、その5日後には山下茂市長が、これまでの「原発への態度は無色透明」の態度を改めて「原発反対」を明確に打ち出し、「当選後1年内の住民投票」を掲げて市長選挙に挑むと表明しました。

こうして1996年11月17日投票の市長選挙は、文字どおり原発可否を争点とする第二回目の〝原発選挙〟となりました。

九州電力は、再び大量動員でパンフ全戸配布をおこない、1泊2日の交通費・昼食持ち「原発見学ツアー」の組織を展開、幹部が漁協などを訪問するなどして「電源立地推進協議会」（7団体に拡大）の野辺修光候補選挙運動を支援しました。

原発反対派は「串間市反原発連絡協議会」（14団体）に結集し、山下茂候補を推してたたかいました。また山下候補は共産党串間支部とも政策協定を結びました。

選挙の結果は、山下茂氏が1542票差で再選されました。山下市長は、公約に基づき1997年2月に、住民投票実施費用1600万円を計上した1998年度予算案を発表。賛成、反対両派から3人ずつの「市民投票準備委員会」も発足させて、1年内投票実施の準備に入りました。

「反原発連絡協議会」は1997年1月に住民投票対策本部（14団体）を立ち上げ、2月中旬までに「住民投票の早期実施を求める署名」1万をめざすことを決め、活動を開始しました。

こうした事態に対して、政府は当時32％の原発依存度を2010年までに42％に引き上げる目標であることを示し、資源エネルギー庁幹部が「住民投票になれば、国の政策を十分に訴えなければならない」と述べるなどして、串間市の住民投票に干渉する構えであることを示しました。

この矢先、1997年3月11日に、九州電力は、石川常務ら4人の幹部が山下茂市長を訪ね、原発立地構想を「白紙に戻して再検討する」と伝え、大激震が県内を走りました。3月25日には鎌田迪貞副社長が松形県知事を訪問して九州電力の態度変更を報告。その後の記者会見で「完全撤退」の意思を示して、「今後串間市での立地の活動はしない」と明言しました。

その後、山下茂市長が「原発問題は決着済みだから」と住民投票を撤回したことに対し、「それは公約違反」「住民投票は実施すべき」として反対派が反発。串間市原発阻止JA青年部連絡協議会が山下市長に対する損害賠償訴訟を起こすなど複雑な状況が生まれました。

その間隙を突いて1999年4月市議会選挙では再び原発推進派が多数を占め、1996年9月市議会で可決していた「原発立地反対決議」を1999年6月市議会で撤回決議をするなど、一定の巻き返しが行われました。

そして、2000年11月に市長に返り咲いた野辺修光氏は、後援会長の選挙違反に連座してまたもや市長職を2002年7月に失職、原発再誘致には乗り出せずに終わりました。

この後、新たに市長についた鈴木重格氏は、以後2期の任期中「原発問題は決着済み」とした態度をとり続け、「串間原発立地問題」は基本的に沈静化して、九州電力の「白紙撤回」表明以来14年を経過していたのです。

［第4段階］14年ぶりに原発立地を持ち出した野辺市長。福島原発事故で断念

ところが、２０１０年7月に野辺修光氏が串間市長に再登場したことから、再び串間原発誘致運動が動き始めます。

野辺市長は、同年12月市議会に「原発誘致の是非を問う市民投票」を提案し、翌２０１１年4月10日実施を可決させました。そして串間市建設業協会会長を中心とする原発推進派の運動を強化し、14年間の反対運動の「休眠」を利用して住民投票を強行し、原発誘致に道を開こうとしたのです。

その最中、２０１１年3月11日に、東日本大地震と津波による福島第一原子力発電所の大事故が発生しました。

野辺修光市長と推進運動の中心者・井出建設業協会長は、この事故で形勢不利になると見たのか、直後に記者会見を開き、住民投票を見送ると発表しました。その後、福島原発事故の深刻な事態がますます明らかになるなかで、両氏は再び記者会見を開き、ついに「串間原発誘致を断念する」「誘致をめざした協議会は解散する」と言明しました。

こうした経過は、九州電力をはじめ推進勢力がいかに懲りない面々か、「時が過ぎ、ほとぼりが冷めれば、また推進」の立場にあるかを示しています。その後も大隅半島から串間地域にかけて、高レベル核廃棄物や原発使用済み核燃料中間貯蔵施設の誘致をめぐってフィクサーが動いているという報道もあり、決して油断はできません。

これらを許さないためには、原発の危険性を徹底して明らかにすることと、ねばり強い住民運動、これと結んだ自治体行政の民主化が必須であることを示しています。彼らに対しては断固とした反対の運動で迫る以外にはありません。

串間原発を阻止した運動の教訓

九州電力が5年におよぶ推進工作のあげくに、串間原発立地を「断念した」理由を、当時の鎌田迪貞副社長は、①串間市民の反対が強い、②動力炉・核燃料開発事業団の核燃料再処理施設での火災・爆発事故など、原発をとりまく情勢が厳しい、と述べています。ここに大きな教訓があります。

反対した串間市民および県民は、チェルノブィリ原発事故や日本での高速増殖炉「もんじゅ」などの原発事故、阪神淡路大震災での大被害などを通して、現実に原発の危険性を感じていました。また農民は、大阪でのO―157感染をめぐるカイワレ大根事件などでの風評被害の深刻さを自分に重ねて見ていました。

串間原子力発電所の建設がいかに危険であるか、環境破壊になるかは、市民の反対運動の発展とともにますます明らかになってきていました。

岬の沖合いの日向灘には、地震の巣である活断層が集中し、1707年の宝永地震、

1854年の安政南海地震、1931年の日向灘地震など大地震・津波が繰り返されていました。近い将来大地震が日向灘沿岸で起るだろうということは、学会での大方の見方です。*1

また、活発な火山活動を続けている霧島・桜島火山帯が近くを通っており、噴火による危険も指摘されていました。それは、今回の川内原発再稼動をめぐる論議の中で、南九州には、過去に破局的噴火を起こし地域を火砕流で覆い尽くした始良《あいら》カルデラ、阿多《あた》カルデラ、加久藤《かくとう》カルデラがあり、いつ再噴火するか判らないと火山学者が指摘したことでもいっそう明らかになっています。*2

「安全神話」で飾られた原子力発電が、実際には安全技術が確立されておらず、地震や津波にも弱いことは、すでに1980年代から多くの学者が指摘し、国会では日本共産党議員が繰り返し問題にしていました。しかも、半永久的に放射能を出し続ける使用済み核燃料の処理は見通しがつかず、原発は人類と共存できないことがますます明らかになってきていました。にもかかわらず、政府や電力会社はこれらを無視して強引に原発建設を推進してきました。その危険が現実となったとき、いかに深刻な事態を招くかは、福島原発事故が日々明らかにしています。

九州電力と政府が、原発立地に巨額の交付金や税収の恩典、雇用拡大の効能書きを並べても、結局は建物づくりに使途が集中され、市民の福祉に当てられるものではない。建設業など一部の利益にしかならないことも、すでに原発を立地した自治体が実証しています。

もし事故が起これば、その被害は広範囲、半永久的に続く。一原発の問題は、一地域、一自治体の問題だけではなく、全地域、日本全体、世界全体に関わる問題だと思います。串間原発をめぐる経緯を振り返るとき、串間市の反対運動、とりわけいち早く命の危険を感じて立ち上がった女性の皆さんの主張がいかに正しかったか、全国一の出荷を誇る食用甘藷など農産物の安全を問題にしたＪＡ（農協）・農民がいかに正しかったかが、いま劇的に証明されています。

そして、反対運動の教訓としては、基礎に、旺盛な学習運動を通じて科学者の助言や全国の原発反対運動に学び、原発の危険性と反対運動の前進に確信をもったこと、地域の真の活性化は原発でなく、地域の特性を生かした産業の発展と安全な地域づくりにあることへの確信があることでした。

（初出『日本の科学者』２０１５年2月号）

引用文献
＊1　宮崎県地震調査研究推進本部編２０１４。2014,http://www.jishin.go.jp/main/yosokuchizu/kyushu-okinawa/p45_miyazaki.htm
＊2　九州川内原発訴訟２０１２。http://no-sendaigenpatsu.a.la9.jp/
（最終閲覧日・２０１４年11月10日）

高知県

土佐佐賀町と窪川《くぼかわ》町での闘い

岩田　裕

はじめに

編集委員長から執筆要請を受けて最も困ったのは、本県での反原発闘争に関する資料が散逸したことで、数か月間は資料収集に苦闘した。幸いなことに、ＪＳＡ会員 玉置雄次郎とともに窪川地区（現四万十町の一地区）を訪れ、原発反対闘争に参加された方々に会って話を聞くことができ、重要と思われる資料も収集できた。[*1] まだ不十分と思われる点もあるが、とにかく執筆に漕ぎつけられたのはご協力くださった方々のご厚意があってのことで深く感謝申し上げたい。

佐賀町の原発誘致と阻止

窪川町の反原発闘争の特徴について考察するためには、その前段で行われた窪川町の隣町・土佐佐賀町（現黒潮町の一地区）での原発誘致と阻止について触れておく必要がある。

１９７４年３月、幡多郡《はたぐん》の土佐佐賀町において、高知県で最初の原発誘致がもち上がった。[*2] ことの始まりは、「佐賀町長は年頭の挨拶で『町の発展は原発誘致しかない』と述べ、３月町議会に３００万円の調査予算を提案[*3]」したことにある。

これを契機に、４月23日、９団体を結集した高知県原発反対会議が産声をあげた。

白石良光によると、「当時の客観情勢としては、第１次オイルショックの直後でエネルギーに対する危機感も深まっていたが、それ以上に原子力船むつの事故や２００海里（漁業専管水域の設定問題）のぼっ発から、水産業特に遠洋漁業に対する危機感が漁民の間に浸透しており、漁業とは共存の困難さを見せ、そういう背景もあって、翌１９７５年４月の土佐佐賀町町議会選挙では、原発反対派が大勝利を収めた。かくて佐賀町議会は、前年の誘致姿勢から一転して原発反対の決議を採択し、太平洋岸に原発立地という四国電力の企ては第一段階でつまずいたのである[*4]」という。

窪川町への原発誘致の動きとその結末

「原発シンポ」（後述）での甲把英一の特別報告では、原発反対運動について、（70年代後半に）原発問題が持ち込まれて以降、１９８３年４月の県議会選挙までの時期を５段階に分けて考察しているが、本稿もこれに倣って、各段階の特徴的事項を取り上げて論述したい。[*5]

（1）原発反対運動の第1段階

窪川町に原発問題が持ち込まれ、原発について学び合うなかで1980年8月9日に原発反対連絡会議が結成され、「原発調査推進請願署名」のねらいを見抜き、原発反対請願署名を成功させるまで。

・藤戸町長は、79年1月の町長選挙で革新のポーズをとって当選した。しかし80年6月町議会で「原発誘致もありうる」と発言して以来、明確に原発推進の立場に立つにいたった。

・先行した調査推進請願署名は9557人であったが、まやかしに気づいた町民の多くが後行の原発反対請願に署名し、その数は7013人にも達した。

（2）原発反対運動の第2段階

原発に対する反対意識が急速に盛り上がり、1980年9月の町議会以降、町長リコール署名を成功させた（80年12月）原発反対町民会議の時代。

・町議会は10月15日、多数派にものをいわせ、調査推進請願を採択、反対請願は不採択に

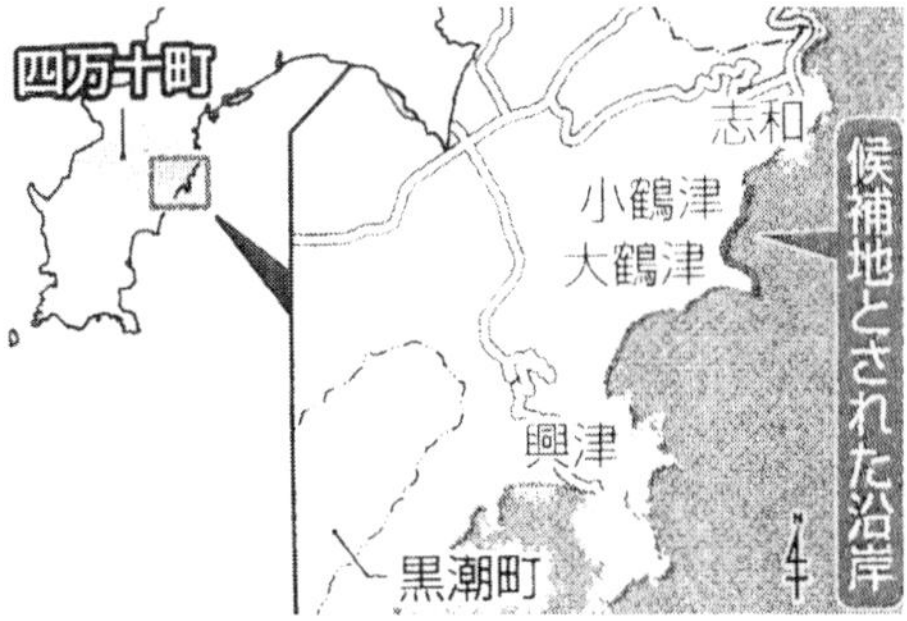

図 候補地とされた沿岸の図[*6]

した。24日には、住民投票条例制定の直接請求書を提出するも、町長に一蹴される。

・反対連絡会議は、反対請願が不採択になり、さらに住民投票条例の直接請求までも否定され、より強大な組織をつくる必要性を感じると同時に、リコール署名を成功させるために、反対連絡会議を原発反対町民会議に改組した。

（3）原発反対運動の第3段階

1980年12月11日の郷土をよくする会（以下ふるさと会）発足から町長リコール成立（81年3月8日）を経て町長選挙（81年4月19日）まで。

81年1月18日　リコール請求有効署名　5764名

81年3月8日　リコール投票（91・66％）

解職賛成　6332票

解職反対　5858票

81年4月19日　町長選挙（投票率93・30％）

藤戸　進　6764票

野坂静雄　5865票

（４）原発反対運動の第４段階

藤戸進町長再選（１９８１年４月19日）から住民投票条例制定（82年６月）まで。

・藤戸町長は出直し選挙で、「立地については住民投票で決める」と公約した。

・82年６月町議会に当たって、ふるさと会は原発住民投票条例に関する８項目提案を行い、条例の修正案を提案するなど町民の願いに応える住民投票制度の確立を迫ったが、多数を占める原発推進町議会で、これらの提案はことごとく拒否された。

（５）原発反対運動の第５段階

町長提案の原発住民投票条例制定（１９８２年６月）後、83年１月の町議選挙を経て４月の県議選挙に至るまで。

・町議会選挙が従来の村型選挙から政策型選挙へ様変わりした模様。立候補者はふるさと会から12人、原発推進組織の明豊会から14人、他に反対を主張する１人と態度保留３人が22議席を争った。

この結果、ふるさと会を含む反対派が10人に議席を倍増し、推進派は15議席から12議席に後退、態度保留組は全員落選した。

・県議会選挙では、議席を得ることはできなかったものの前回より得票率を伸ばした。

自民党は１人候補者を増やしたにもかかわらず得票率を11・２％低下させた。

（６）原発反対運動の第６段階

・高知県議会「原発立地調査推進決議」は、19対8で可決に始まり、1983年8月の第9回原子力発電問題全国シンポジウムを窪川で開催し、86年4月の旧ソ連でのチェルノブイリ原発事故を経て、86年11月の藤戸町長の四国電力への「調査実施計画書」了解の旨の回答で推進に弾みがついたかに見えた時期。
・83年10月、窪川町が「原発立地調査協定」の締結を四国電力に申し入れた。
・83年12月、四国電力と窪川町が「立地可能性等調査に関する協定」に調印。
・85年4月、窪川町長選挙で藤戸氏が当選した。
・85年7月、四国電力が窪川町に「窪川原子力調査所」を開設。
・85年12月、四国電力が「原発立地調査計画書」を町に提出。
・86年11月、藤戸町長が四国電力に「調査実施計画書」を了解する旨回答した。

（7）原発反対運動の第7段階

1987年2月の窪川町議会選挙から、同年6月の窪川町議会での「原発論議終結宣言」全会一致の決議を経て、2002年6月に四国電力が窪川原子力調査所の廃止を行い、原発立地の火が消えるに至った時期。
・87年2月、窪川町議会選挙、明豊会1名減の11人、ふるさと会変わらずの10人、公明党1人当選。
・87年3月、四国電力は興津《おきつ》・志和《しわ》の両漁協に「原発立地調査同意書」を提出するも、両漁協は回答を保留。
・87年12月、興津漁協が「調査拒否」通告。
・88年1月の藤戸町長の臨時議会での「原発立地調査の棚上げ」表明、そして翌日に辞表提出。
・同年3月の窪川町長選挙で原発反対の中平一男氏が当選。
・同年6月、窪川町議会、上記「終結宣言」。

窪川町が原発を作らせなかった要因

(1) 窪川町農村開発整備協議会

以下で述べる農村開発整備協議会の歴史には、なぜ同協議会が原発誘致になじまない特質を持った組織に成長したか、同協議会が反原発運動を側面支援することになったかを解く鍵がある。

長谷部高値によると、同協議会がそのような特質を持つようになる「一つの転機は昭和47年(1972年)に、農村開発整備協議会という名称になってからで、当協議会は本地域の農業にとって大きな転換期ともいえる昭和30(1955)年代後半から、ゆれる農政の昭和40(1965)年代を通じて次第に独自な地域協議会の性格を濃厚にしながら、今日までたえず農村問題への総合的でねばり強い取組を提起してきて注目されている農村の企画推進母体」[7]だという。

この組織は、窪川町役場（町長を含む2名）他町政をリードする11団体と31名のキーマンから構成されている。同協議会の規約では、この協議会の目的を、「農村に於ける住民主体的地域づくりに置き、協議会の性格は、地方自治機能を発展させ、自然と調和した定住社会の建設を図るための計画策定と、地域施策の研究、調整、推進、および農村地域整備の総合的な方策の審議機関とする」と規定している。[8]また、協議会の議長が、町長リコール運動の中で生まれたふるさと会の会長（野坂静雄、故人 元窪川町助役・元窪川町農協組合長）で、反原発を訴えたのも象徴的であった。

（2）「ふるさと会」

「ふるさと会」と日本科学者会議

振り返ってみると、窪川町では、反原発の学習・宣伝活動のはじまりが、原発推進派の水面下と表面での目に余る策動が引き金になったようである。「水面下の誘致工作（四国電力と自民党は各地区のボスや自治会、農協、漁協の一部の理事や役員を使って原発誘致の請願署名を集め、町議会に提出すべく準備を進めていた）と表面では慰安旅行にかこつけての原発見学の買収旅行[9]」のような策動に対して、「『反原発』ののろしを掲げ、闘いの先陣を切ったのは、日本共産党興津支部と全解連興津支部であった[9]」という。「1980年4月29日、日本共産党興津支部主催ではじめての原発学習会が開かれ、会場の興津隣保館（現町民館）は地域の漁民をはじめ周辺から70人を超す参加者でうずまった。[*9]」という。

講師として、日本科学者会議高知支部から、高知大学の白石良光・保坂哲郎会員及び高知女子大の大久保茂男会員が参加し、「原発についての初歩的な基礎知識や危険性、地域に及ぼす影響などを学習した[*9]」という。これにつづいて、原発学習会と反原発の住民組織をつくる準備会が重ねられ、1980年6月に「窪川町原発設置反対連絡会議」が発足、町議会本会議においての原発立地調査推進請願採択という新事態に対処し、組織強化をするため、同10月17日、同連絡会議を「原発設置反対町民会議」（同会代表：島岡幹夫[*10]）に改めた。さらに、同12月11日、23団体・800人の参加者のもと、前町民会議を継承する「ふるさと会」の結成大会が開かれ、野坂静雄氏（故人）を会長に選出、会則と運動方針を決定した。

「ふるさと会」の特徴とその活動

ふるさと会に参加した団体名を挙げると、農民会議、漁民会議、酪農民会議、商工業者の会、青年の会、婦人の会、郷土を愛する会、自民党有志、社会党、共産党、全解連、その他各労働組合等で実に多様な23団体から構成された。

「ふるさと会は、地域を知り地域を愛する人たちの連帯のなかから出発し、発展してきた住民共通の財産である。職業や日常的利害を全くことなる住民が、従来の組織や団体の枠をこえて3つの目標で連帯したふるさと会の主役は、会員個々であり、運動の発展はその創意性と共同性にある。窪川らしいまちづくりを実現していくためには、農業を中心にした地場産業の再生だけでなく、福祉や教育・文化の向上が同時にはかられなければならないが、いま窪川では「くぼかわ子供を守り育てる会」が生まれ、地域に根差す教育運動がすすめられ、青年による名作映画会など、人々に生きる勇気と希望を与える文化運動が盛んになっている」[*11]という。

では、なぜふるさと会は強化され、原発阻止に貢献できたのでしょうか、「ふるさと会は、前3回の組織的発展を通じて常に、参加者の数や階層に合わせて運動の課題をやりきる組織体制をとってきた。構成員に対等平等の活動を保障し、青年や婦人自ら〝原発先進地〟を足で調査した報告集やチラシを配布し、立て看板を設置して訴えることによって同調者を増やしていった。また、高知県原発反対共闘会議や高知県窪川原発反対漁民会議と、それぞれの自主性と主体性を尊重しつつ緊密な連携運動を展開した」[*11]という。このようにして「特に、8年間の「ふるさと会」の粘り強いたたかいの前進によって、住民の主体形成が進み、従来、統一して闘ってきた社会党の転落を許しはしたが、さまざまな反動攻勢を跳ね返して、自・社・公の保守・反共連合を打ち破って住民の真実の心が勝利した」[*12]というのが正論であろう。

では、ふるさと会はどのような目標を掲げ、どのような原則に基づいて運動を展開したのであろうか。

①「ふるさと会」の3目標

甲把英一によると、同会は以下の3目標を掲げたという。その第1は、「原発反対である。危険であるばかりでなく、地域経済の基盤である農林漁業の民主的な発展を阻害し、地域の民主主義を破壊し、さらには地域社会における共同や連帯、人間関係まで壊す原発立地を阻止することである。

第2は、農林漁業の振興による町づくりをすすめるとした。窪川町は、人口1万8000人の農林漁業の町で、町内総生産の22%を第一次産業が占め、県平均の2・2倍となっており、郷が栄えて街が栄えるという性格を強く持っている。

第3の目標は、民主的で公正な町政を実現するということである[*13]」。

②「ふるさと会」の運動原則

同会は、上記した3目標とともに、全国の住民運動から学んで、以下の四つの運動原則を確認してきた。この運動の4原則は住民の多数派となって闘いを勝利させる武器ともなったという。

「第1の原則は、諸階層、諸党派の統一した運動として発展させることである。ふるさと会は、窪川を知り、窪川を愛し、窪川の未来に責任と展望をもつすべての個人・団体・政党による対等・平等の結合体であることを確認し、会則に明記したものである。3目標という一致点で町の多数派になることをめざしたのである。それぞれの構成団体等の独自性を尊重しつつ、不一致点は会に持ち込まない、それぞれの短所をつつき合わず長所で団結しようと呼びかけてきた。

運動の原則の第2は、感性的な運動から理性的な運動に発展させる、運動の質を高めるということである。[*14]この点については、次項（3）の「学習・宣伝活動の重視」でやや詳しく述べたいと思う。

「運動の第3の原則は、地方自治制度を活用し、町政を変える力をつくるというものである。……つまり、住民の権利として、住民参加による規制や推進にとってのハードルをつくることが重要であるし、それは可能でもあると考えたのである。住民の意志を総結集して首長と議会に原発設置反対請願をおこない、原発をめぐる諸問題を学習するとともに、原発を扱う行政がいかに住民意志や民主主義に反しているかに触れることによって、地域の主人公であることの自覚化と行動することの重要性を体得した。これが、原発立地に暴走する町長のリコールとなり、原発住民投票条例の制定となって実を結んだのである[*15]」。

「第4の運動原則は、地元産業の自主的発展を追求し実践することである。減反の中で、新たに薬草の産地化に取り組み〝原発起爆剤〟論を打破したのである[*16]」という。

③「ふるさと会」の運動による成果──地方自治の確立

甲把英一も指摘しているが、原発反対連絡会議を設置し、原発反対請願署名運動、原発推進町長リコールの署名活動、同リコール投票運動、ふるさと会を結成しての住民投票制度の創設など、「地方自治を原発反対運動の有力なよりどころ、武器として確立した」[*17]という。ここで、窪川の住民投票条例の意義について、若干のコメントを加えて置きたい。

窪川町では、1982年6月7日に、ふるさと会が「住民投票条例制定に関する請願」[*18]を提出したのに、町長側はこれに対抗する形で、同6月30日に町議会に「窪川町原子力発電所設置についての町民投票に関する条例」を提案し、同7月19日に可決（7月22日公布）されたが、一方、同日、ふるさと会の「住民投票に関する条例の修正案」は否決されているし、上記請願も不採択になっている。しかし、内容的には「ふるさと会」の修正案よりも多くの不充分さを持ちながらも、もともと住民投票条例を毛嫌いしていた町長が、ふるさと会にイニシャティブを取られることを嫌がって、あれほど嫌っていた住民投票条例を制定した。窪川町での原発建設に対する日本初の住民投票条例の制定が、その後、他の原発建設でも思わぬ阻止効果を発揮する[*19]ことになるのである。

（3）学習・宣伝活動の重視

「住民運動は学習運動であると言われるが、窪川でも『みんなで学習、みんなで宣伝』を合言葉に、それぞれの創意工夫をいかして、学習・宣伝活動を重視した取り組みを強めてきた。それは『原発イヤ』という受身の状態から『必要でない原発はつくらせない』という主体的・能動的な意識への発展である。原発の安全性やまちづくりについて、みんなで学習し、考え、そしてみんなの思いを交流しあい、住民の権利である地方自治について学びあったのである。全体の大学習会は数十回開催され、日本科学者会議の学者・研究者の諸先生には大変協力していただいた。１９８３年8月に、第9回原子力発電問題全国シンポが窪川で開催された[*20]」際には、高知県労働組合総評議会を初め76の団体から協賛がよせられ、参加した約４００名の住民や科学者で埋め尽くされた会場は熱気につつまれた。延べ計18名の日本科学者会議高知支部の会員が学習会の盛り上げに貢献した。

このようにして、「それらの学習会で学んだことが、「ふるさと会」各支部を中心にして取り組まれた集落単位の学習交流会である「ふるさと懇談会」として数百回も重ねられ、広げられていった。そこでは、『みんなが先生、みんなが生徒』という画期的な会の盛り上がりがあった。……敦賀原発放射能漏れ事故の夕刊記事が、その夜のうちに会の支部を通じて全戸配付されるというふうに燃えに燃えた[*21]」という。

（4）漁協・漁民のはたした役割

原発学習会の始まりについては（2）で上記した。本項では梶原論稿を参考に、漁民・漁協の原発立地阻止に果たした役割を述べる。「窪川原発誘致の特徴は、地域のボスや農漁協などの一部の役員を買収し、それらを使って署名活動を起し、あたかも住民側からの誘致の要請が持ち上がったかの如く見せかけ、それに乗っかって立地をすゝめるという手法がとられたことである。そのため、通常であれば漁協ぐるみの反対に立ち上がるべきはずの漁民が、四国電力に買収された理事役員の策動により補償金の分配論議まで噂に上るなど漁業不振にあえぐ漁民の中へ札ビラ切っての話に目先がくらみ、興津、志和両漁協の組合員の8割までが推進に回る中でのたたかいであった」[*22]という。

そこで、全解連興津支部と日本共産党興津支部は、「原発と漁業の両立はありえない」「自然の海を子や孫に」を合言葉に断乎反対の旗をかかげ、反原発漁民会議を結成したという。一方、興津漁協では8名の理事中唯一反対を貫いた「中西理事」を中心に、毎年開く漁協の通常総会においても「原発凍結」決議を続行させ、さらに1987年の臨時総会では、四国電力から申し入れのあった「原発立地可能性調査の同意」について「現時点では原発問題を議論する時期ではない」との決定を行わせ、実質上原発見送りの成果を上げたという。

更に、興津漁民会議は「原発は土佐湾を汚染する。海は生きている。青い海を原発で殺してはならぬ」との呼びかけを県下の漁民に行おうと決定し、ふるさと会の会長の野坂（故人）さんを先頭に東は室戸から西は土佐清水まで県下津々浦々を駆けめぐり、高知県下88漁協の内半数に近い39漁協によって「窪川原発反対高知県漁民会議」が結成され、全県的な漁民の闘いとして大きく盛り上がったという。

また、「窪川原発が浮上するまでは、毎年の通常総会で原発反対の決議をしてきた高知県漁連が中内自民党県政に圧力をかけられ、腰砕けとなり、原発のゲの字も口にしなくなる中で、私達漁民会議がイニシアをとり、原発問題については県との窓口を漁民会議が行うことを決定させた。そして県からは「窪川原発の立地可能性調査については漁民会議の了承なしには着手しない」旨の副知事の署名文書を取り、これが調査推進の最大の歯止めとなり大成果となった」[*23]という。やがて、87年12月の興津漁協の「調査拒否」で事実上の止めが刺された。

窪川（四万十町の一地区）の今

2006年、窪川町（人口：15，606人、世帯数：5851）、大正町（人口：3613人、世帯数：1260）、十和村（人口：3862人、世帯数：1262）が合併し、四万十町[*24]が誕生した。統計上の制約があるので、反原発闘争時代（1980―1989年）・合併直前（2005年）の窪川町と窪川の今を比較することは、一部を除き困難である。そこで苦肉の策として、旧窪川町時代の特徴が四万十町にどのように継承されているかの記述を試みることにする。旧窪川町は清流四万十川の中流域に位置し、「四国カルスト山地を背にした標高800メートル～600メートルの山々に周囲を囲まれた平均標高230メートルの盆地状の台地部と太平洋に面した海岸部からなっており、[*25]」農・林業・漁業の盛んな地域として知られてきた。その農業の中心はコメ作りで、仁井田米の愛称で知られ、最近は野菜栽培も盛んとなり、県下全域で売られている。酪農や畜産も盛んで、それを代表するのが、「窪川牛」、「窪川ポーク」の名称で親しまれているし、林業も盛んで、「例えば「窪川檜」は遠く九州方面でも高い評価を得ている」[*26]という。かって、原発立地の候補地であった大鶴津は住民数も少なく、漁業権買収の対象となった興津、志和は漁業者が少なかった。[*27]

このような特徴は四万十町にも継承され、四万十町（総世帯数：８７６１）の農家戸数は２２２４戸で、高知市（総世帯数：１６１，８７８）の２７２４戸に次いで県下の第２位の地位にある。また、林家数は２１５７戸で、やはり高知市の２４０１戸に次ぐ多さを誇っている。[*28]農・林業の総生産額について見ても、２００１年度の上記３町村合計の60億39百万円から、２０１１年度には、四万十町の62億26百万円へと農林家数減少のなかでも微増し、[*29]よく健闘しているといえる。

このような実績は、元・窪川町原発反対町民会議代表の島岡幹夫に代表されるような「農業の復権を目指してやってきた」人々がいたからこそ達成できたと言えましょう。少々長くなるが、島岡の発言を引用する。

「佐賀の玄海原発を見に行き広大な大豆畑を見たから、四万十町も大豆を導入しようと取組を始め……高知県一の大豆の町になり……今度は納豆の町を目指した。東京の大学が２００以上の納豆を集めて食味コンクールをしたら、女房たちの納豆が第２位（で）……『家の光』がわざわざ取材にきてくれました。私達はいろんな試みをしながら、窪川の町を元気にするために一生懸命努力をしています。ショウガも２５０ヘクタール栽培されて生産量

1万トン、日本一になりました。興津の海岸部ではミョウガで12～13億円の生産がありま す。……われわれは農業で生きると宣言しましたから、これからも一生懸命頑張っていくつもりです。次代の、その次代の後継者が育っていますので、必ず農業も林業も水産業も、山も川も海も、すべてが輝く町の誕生という夢を実現したいと思っています[*30]」。

しかし、漁業の総生産額については、2001年度の上記3町村合計の4億2千万円から、2011年度には、四万十町の1億7千万円へと、大きく減少した。その背景には、中曽根政権時代の底引き網漁法を認可したことで、乱獲が始まってじりじりと漁業資源が減少したこと、漁業に必要な資材や燃料費の高騰、魚介類の大量輸入による国内産魚介類の価格低迷で漁業者の経営の悪化と高齢化の進行で、漁業者の廃業が続いたことによるものと考えられる。

最後に、最近の首長、町議会の動静について述べ、本節の締めくくりとしたい。特筆すべきは、2012年、四万十町長：高瀬満伸が四万十川流域の4自治体の長との連名で、時宜にかなった四万十川アピール：「原子力発電に頼らない自然エネルギー（再生可能エネルギー）への転換を進めます」を発表したことである。また、新聞報道によると、本年、高知県下の9市町村の議会おいて7月7日までに、安倍首相が何が何でも延長国会での成立を目指す安全保障関連法案について、6月定例会で、「廃案」や「撤回」、「制定中止」を求める意見書を、2市町の議会が「慎重審議」を求める意見書をそれぞれ可決した。

四万十町議会は廃案を11対5の圧倒的多数で可決した。可決した意見書は各議会から安倍首相や中谷元・防衛相、衆参両院議長に送られるという。これらは窪川での反原発運動の伝統が生きている証左として評価したい。

むすびにかえて

本稿を執筆するに際して特に重視した論点は、なぜ「四国電力の太平洋岸への原発立地の企て」が挫折せざるをえなかったか[*31]について、原発反対運動の展開の仕方に、その成功の鍵があるという視点から、既存の資料をまとめたいということであった。その試みがどれだけ成功しているかは、読者の判断を待ちたいと思う。

フォトドキュメント

原発阻止へ農民が決起（80 年）

原発反対の街頭宣伝─町民会議と漁民会議の共闘（80 年 12 月）

郷土をよくする会総会であいさつする野坂静雄会長(80 年 12 月)

原発反対町長リコールの署名をする漁民（81 年 1 ～ 2 月）

原発推進派による街頭演説(81 年 3 月)

町長リコール署名の成功に歓声(81 年 3 月)

注と引用文献

＊1　資料収集及び現地で反原発運動で活躍された方々との面談では、「しんぶん赤旗」記者の窪田和教氏に大変お世話になった。また、フォトドキュメントのネガは、「高知民報」の記者、中田宏氏から提供して頂いた。ここに感謝を表明したい。

＊2　白石良光「原子力発電とその安全性」『高知の科学者　第9号　窪川原発問題〈特集〉』（日本科学者会議高知支部編、１９８１）p.31. 白石によると、佐賀町で日本科学者会議は学習会のために、一役かって出たという。本文で述べている高知県原発反対共闘会議に参加するのみならず、「現地での学習会を積極的に支援する傍ら、原発に関連する物理学、化学、生物学、機械工学、水産学、経済学などの専門家による研究グループを組織し、福井県での原発視察及び地域調査等を基にして、スライド〝土佐の海を守ろう〟を製作し、現地において住民各層に原発の危険な実態を知らせるために大いに活用された」（白石良光、上記論文、同上所）という。

＊3　甲把英一「特別報告・「郷土（ふるさと）をよくする会」の運動・理念」日本科学者会議高知支部シンポジウム実行委員会編集・発行『原子力発電といのち・くらし―第9回原子力発電問題全国シンポジウム（高知）報告集』（１９８４、p.96）。

＊4　前掲論文2）同上所。

＊5　前掲特別報告3）同上所。なお、以下の第6段階および第7段階は執筆者の試論。

＊6　〈出所〉『高知新聞、２０１４年7月14日号』

＊7　長谷部高値「報告（1）窪川町農林漁業の現状と展望」日本科学者会議高知支部シンポジウム実行委員会編集・発行、上記報告集（１９８４）p.78。

＊8　前掲報告集7）p.79. なお、北あきら著『いのち育むふるさと―窪川原発反対闘争の記録―』、太平洋文学会（pp.78-84）には、「ふるさとづくり運動」の項での町長が整備協の活動等に対して、敵意をもっていたということを知り、この町長が町民と一緒に町の将来を考えようとしない姿勢には、驚いてしまった。

＊9　梶原政利（１９８８）「窪川原発の火は消え去った」『部落４９９号』（pp.8-15.）所収。

＊10　島岡の活動ぶりについては、島岡幹夫・協力「生きる」編集委員会（２０１５）『生きる　窪川原発阻止闘争と農の未来』（高知新聞総合印刷）の第3章再録・窪川原発闘争史が詳しい。その一コマを紹介する。農

を誰よりも愛していたが、原発推進派の芳川光義町会議員に、島岡は1年以上にわたって、窪川原発の幕引きを訴え続けた。「高南台地に木枯らしが吹き付けるようになった時、芳川議員が言った。「島岡、分かった。よし、もうこの辺で決着をつけよう」そして、窪川町議会最終日の12月定例会最終日の12月23日、芳川議員が「島岡、一緒に来い」。…芳川議員は藤戸町長に歩み寄りこう言い放った。「おまん、次の3月当初予算に原発予算を組んだらわしは否決するぜよ。承知しておきよ」…藤戸町長は63年（１９８８年―引用者）1月28日、「窪川原発棚上げ」を表明。同時に「63年度の一般会計当初予算には原発予算は計上しない」ことを発表。29日辞表を町議会議長に提出して町長室から去って行った」（同上書、pp.87-88.）という。

＊11 甲把英一：上掲注3）「特別報告」、p.101。

＊12 甲把英一「5〝原発自治〟8年目の勝利」『暴走する原子力発電』（日本科学者会議編、リベルタ出版、１９８８）p.159。

＊13 前掲論文12）p.161。

＊14 前掲論文12）p.163。

＊15 前掲論文12）p.165。

＊16 前掲論文12）p.167。

＊17 甲把英一：上掲注3）同上「報告」、p.101。

＊18 すでに、１９８０年12月18日、町議会に議員提案で「住民投票条例」が提案されたが、否決されたという経緯がある。

＊19 榊原秀訓によると、全国で制定されたの住民投票条例9例のうち「原発住民投票条例が5自治体で6つ制定され、多数を占めている」（「巻町原発住民投票と住民参加」『法学セミナー11／１９６６［No.503］』23ページ）という。これら条例の内、最も制定のはやかったのが窪川町の条例であり、窪川では、投票は実施されなかったが、やがて１９９５年の新潟県巻町の条例は、実際に住民投票に持ち込まれた。投票率は88％という高いものとなり、原発反対票が全有権者比54％と圧倒多数を占め、この結果を巻町町長が尊重し、原発建設ＮＯが実現した。

＊20 前掲論文12）p.164。

＊21　前掲論文12）p.164、窪川町の反原発運動は時宜に適ったさまざまな取り組みで優れている。例えば、岩井優之介『窪川原発闘争回顧』（「高商連ニュース」（２０１2年に連載）には、スリーマイル島原発事故を特集したＮＨＫの番組をビデオテープにとって活用した事例が紹介されていて、興味深い。
＊22　梶原政利：上掲論文、p.10。
＊23　梶原政利：上掲論文、同上所。
＊24　人口、世帯数については、『国勢調査報告、四国編、各年版』参照。
＊25　窪川町史編集委員会編『窪川町史』（２００5年3月発行）(pp.4-5)。
＊26　上記『窪川町史』、第6編第1章参照。
＊27　大鶴津地区は、「海岸部にたった4戸、5、6人しか住んでいなかった」(高知新聞、２０１4年7月14日号)という。１９８7年の興津漁協の組合員数は、３２7名（そのうち准組合員数62名、興津漁協通常総会議案報告書：１９８7―88年より）、志和漁協については、詳細は不明だが『窪川町史』には、１９４9年について、１００名という記録がある。
＊28　総世帯数については、高知県統計協会『県勢の主要指標平成26年度版』参照。なお、平成の大合併後の高知県の自治体（市町村）は34を数える。農家・林家戸数については、高知県統計協会『県勢の主要指標平成26年度版』参照。
＊29　町の総生産に占める農林業のシェアは２０１１年度に10・6％であったものが、２０１１年度には、12・6％へと増大している。総生産額の数値については、高知県総務部統計課『平成24年度市町村経済統計書』参照。
＊30　島岡幹夫「講演「なぜ原発を止めることができたか」脱原発をめざす高知県首長会議編集・発行『フクシマそしてクボカワ』所収（pp.31-50)、pp.46-47。
＊31　『日本の科学者』(49（11)、pp.32-35、(２０１４)）の服部敏彦論文には、88年6月に窪川町議会が全会一致で「原発論議終結宣言」を行った後も、窪川町を原発立地候補地に残すという策謀が行われていたことが、紹介されている。

（初出『日本の科学者』２０１5年5月号）

鳥取県青谷町

鳥取県青谷《あおや》・気高原発立地阻止運動をふりかえって

石井克一
横山　光
八木俊彦

はじめに

中国電力による鳥取県の青谷《あおや》・気高《けたか》原発立地の情報が初めて流れたのは1979年6月である。3ヵ月前にはスリーマイル島での原発重大事故が発生していた。以前から、中国電力はひそかに原発建設計画を準備していたが、その計画を公表することはなかった。

このような不明瞭な状況のもとで、婦人団体や革新系団体などが原発問題にいち早く取り組み、1981年の新聞情報により・青谷・気高原発立地計画が確定的であることが知られるにいたって、地元や県内の原発に反対する諸団体の運動が急速に盛りあがった。この運動により住民・首長・議会・県内有志などの反対表明、などを短期間で実現して、公表前の立地阻止をほぼ決定的にした。その後も、原発立地を阻止するために監視や土地取得、学習などの運動を続けていった。

この原発の立地予定地であった鳥取市の青谷町と気高町《けだかちょう》は、鳥取県東部の日本海に面した農林水産業の町である。青谷町には、伝統的生業としての和紙工芸と県内唯一の海女漁がある。気高町には、かつて賑わった浜村温泉があり温泉観光再建の努力を行っている。原発設置予定地になった長尾鼻《ながおばな》は、西は大山《だいせん》・島根半島、東は鳥取砂丘などを眺望できる風光明媚な名所である。両町の人口は、原発立地が問題になり始めた1980年は青谷町9540人、気高町1万6人であったが、その後人口減少が続き2015年2月28日時点で青谷町6561人、気高町8969人である。（八木俊彦）

1 原発計画の潜伏期

兵庫県の浜坂原発計画との関連で、大阪大学の久米三四郎先生の講演会が、1978年11月4日に行われて、私は参加した覚えがあります。

1979年3月28日にスリーマイル島原発事故が発生したのですが、その直後の6月15日、日本海新聞に「青谷も候補地だった？ あす『原発を考える集い』」の記事が載りました。その翌16日、「原子力発電の公害を考える会」は、「私たちは原子力発電と共存できるか」のテーマで、京都大学原子炉実験所の小出裕章氏を講師として講演会を開いています。この小出氏の講演会のあと、気高郡連合婦人会が原発計画阻止運動を、迅速に力強く展開していった軌跡には、まさに目を見張るものがあります。

当時の会長の村上小枝氏の言をそのまま引用すると、「講演会の後、司会者が私を指名されたので『私たちは、危険なものを使って環境を壊してまで便利な生活をしようとは思っていない』との趣旨の発言をしました。『いのちとくらしとふるさとを守る』ことを一貫して活動目標に掲げてきた気高郡連合婦人会が、この問題を避けて通ったら、後日、後悔するときがくると直感したからです。それで、1979年11月25日に青谷町中央公民館で開かれた秋の大会には、念願がかなえられて小出先生においでいただき、お話を伺ったわけです」。

中国電力や鳥取県の政財界による原発誘致の動きとしては、全国の例と同じく、県内全域で原発視察旅行、「電気教室」での宣伝活動などが頻繁に行われています。1980年の12月には、青谷町商工会青年部が行った住民の意識調査の中に、原発の誘致を誘導するとも受け取れる設問が加えられていました。

1980年7月1日の県議会では、自民党の代表質問のなかで公然と原発の誘致論議がされ、それに対して平林知事は「今日、石油に代わる代替エネルギーとして身近にあるのは原子力なので、関係者から相談があれば、立地を予想する自治体の意向は聞かせていただくが、県として積極的に応じていきたい」と答弁しています。公式な場での原発誘致の発言はこれが最初です。

2 青谷・気高原発計画の浮上

1981年3月7日には日本海新聞に「原発建設、青谷も有力候補地」、中国新聞には「中電原発、候補地に長尾鼻（鳥取県）も浮上」と報じられて、ついに青谷・気高原発計画が具体的に姿を現しました。それによると、「長尾鼻岬の東方の松ヶ谷（図）に110万kWを3基」と具体的でその受け皿ともいえる「揚水発電所」「変電所」「送電線」が着々と建設中とあります。「まさか」でした。「いくらなんでもそんな無茶な」「青谷には4000人が住んでいる。松ヶ谷は2kmも離れていない」「もう逃げ場がない」背水の陣というのか。

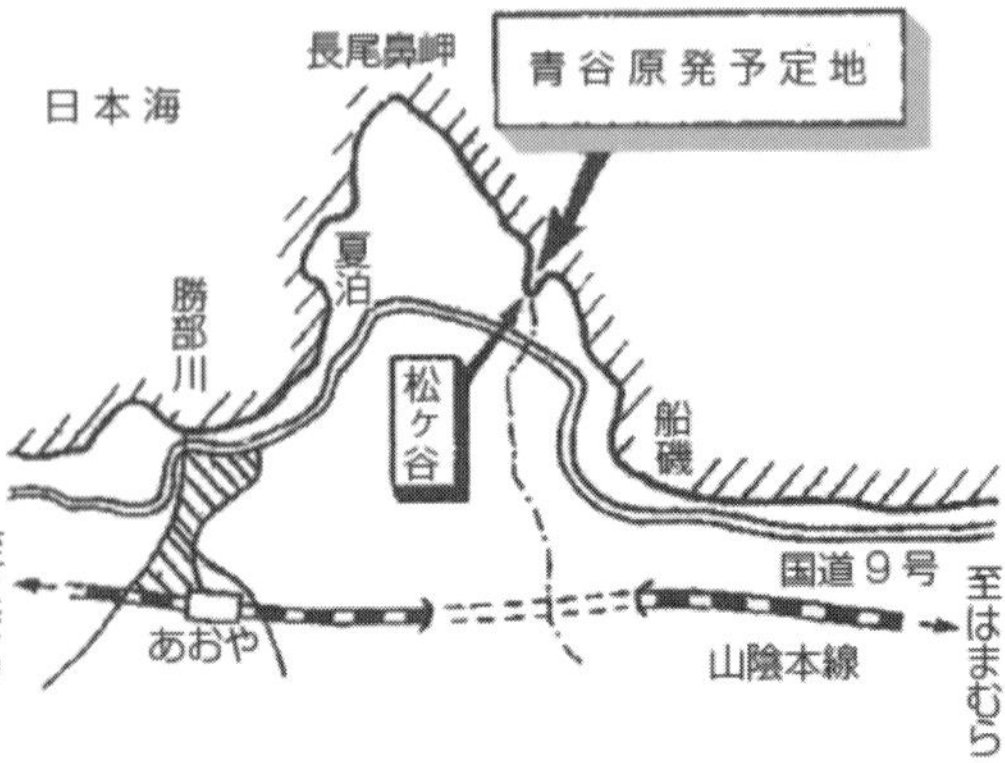

青谷町原発予定地の周辺地図

同3月7日に、鳥取県評は臨時大会を開いて青谷・気高原発建設計画に反対する「特別決議」を行い、原発阻止の運動を始めました。

3月下旬には鳥取市で、兵庫県浜坂町の岡田一衛氏を招き学習会を行い、それをきっかけに「反原発市民交流会・鳥取」が誕生しました。

これが鳥取県での反原発市民運動、住民運動の先駆けとなります。「反原発市民交流会・鳥取」は、8月に鹿児島大学の橋爪健郎氏を招き鳥取市と倉吉市で「くらしとエネルギー」と題する講演会を行い、これを契機に「反原発市民交流会・中部」が誕生しました。

5月24日には青谷町で、青谷町在住の大谷義夫鳥取大学名誉教授ら6人による実行委員会の主催で「原子力発電について」という服部学氏を講師に招いての原発問題学習会が行われています。

私は、高教組の中部支部に行ったとき、たまたま「反原発市民交流会・中部」の学習会に出食わしました。9月18日のことです。それを契機として私も、青谷町での反原発住民組織を準備するお手伝いをさせてもらうようになりました。久米先生が青谷に来られるというので、講演会のチラシを手作りで作って、知人や近所の人に配りました。

1981年11月15日午前10時、青谷町の駅前公民館には久米三四郎先生（核化学）の「原子力発電所がもし長尾鼻にできたら」と題する講演を聴くために約100名の人が集まりました。この講演会は、青谷町の町民9名の呼びかけによって作られた「青谷原発を考える会（準備委員会）」が開催したもので、これが青谷町における反原発住民運動の事実上の旗揚げとなりました。講演会に参加できなかった方にも、講演会を録画したビデオを見てもらったり、草の根学習会をしてもらったりしました。

1982年、中国電力の山根会長は、1月14日の記者会見で「島根に続く原発の新規立地は、今年中にもメドをつけたい。…人口が少なく、心理的に住民に受け入れやすいという条件で、日本海側を選ばざるをえない」と述べています。

しかし、草の根学習会を繰り返してきた気高郡連合婦人会では、2月14日の役員研修会で「青谷気高原発設置に反対する署名運動を」という動議が出されて満場一致で決議され、青谷・気高原発阻止の署名運動を始めました。

3 青谷原発設置反対の会の結成

3月20日の青谷町中央公民館での「青谷原発設置反対の会」の結成大会には150名近くの町民が集まり、白熱した議論が交わされました。大会では、会の名称を「青谷原発設置反対の会」とすること、目的は「青谷町に原子力発電所を建設させないこと」、参加資格は「青谷町在住または青谷町勤務者で目的に賛同する個人」「代表は吉田通（歯科医）、代表代行は大谷義夫（鳥取大学名誉教授）、石田勝也（医師）、事務局長は石井克一（高校教員）」とすることなどが決まりました。

前年11月の「青谷原発を考える会（準備委員会）」を立ち上げる時の話し合いでは、運動の課題の柱は「学習会の積み重ねによっていち早く住民の（青谷原発の設置に対する）反対意見を組織すること」と確認しています。そして学習活動を積み重ねてきたわけです。

その結果、学習すればおのずと原発反対になるのだから「原発反対」とはっきりさせたほうがいいということになりました。会の名称は「反対の会」になりましたが活動の趣旨は同様で、とにかく「原発についての真実を学び、それを町民に伝えること」が活動の中心になるということです。

結成大会がほとんどの日程を終えて、「その他」になったとき、気高郡連合婦人会の村上さんから「青谷気高原発建設反対の署名運動を展開中で、すでに4000名を超えている」との報告があり、会場は最高潮に盛り上がりました。そして「反対の会」も署名運動に全力をあげて取り組むことになりました。

青谷町の山根町長は、3月11日の施政方針演説で「現段階における一つの光として原子力を認識するが青谷町への立地は、位置的にも構造的にも町民にとって安全であるという確証のない現在、まったく考慮する余地はない」と青谷・気高原発計画に反対を表明しました。

3月24日、青谷町議会は「青谷原発に関する意見書」を全会一致で採択しました。これは前年9月の「長尾開発の方向に関する決議」を踏まえて、「……かかる事情を十分に考慮し、青谷町長尾岬に原子力発電所建設計画、推進を行わないよう強く要望するものである」と青谷・気高原発計画に明確に反対しています。この意見書は総理大臣、通商産業大臣、科学技術庁長官、鳥取県知事、鳥取県議会議長に提出されました。

気高郡連合婦人会は、約2ヵ月で気高郡の有権者の過半数に達する9298名の「青谷・気高原発設置計画に反対する署名」を集約し、4月20日に中国電力鳥取支店を訪れ署名を手渡し、青谷・気高原発計画を断念するように申し入れました。

4月28日には、県内各界の有志約300名が「中国電力の青谷気高原子力発電所建設計画に反対する共同アピール」を発表し、中国電力鳥取支店、鳥取県知事、県議会議長、青谷・気高の町長と町議会議長に提出しました。それぞれの交渉の中で、「美しい自然環境に恵まれ、農林漁業を重要な産業基盤とする県内への原発立地は絶対に認められない」ことを訴えました。この共同アピールは、県内の農林水産業、労働、教育、医療、福祉、学術、宗教、文化などの各界で活躍されている方が、イデオロギーや政治的立場を超えて一致して、県内への原発立地に反対する旨を表明したものです。

鳥取県内ではこの後も、青谷・気高原発阻止の最大限の運動を展開していきました。この間に、山口県では豊北町で原発反対の町長が再選され、豊北に代わり萩と上関が原発候補地として取りざたされるようになっています。1982年5月の鳥取県議会で自民党議員が、県内への原発誘致を強くせまる場面があり、10月20日に鳥取市で開いた電力懇談会で中電の副社長は、「…地元の理解が得られるなら、鳥取県にも（原子力発電所を）つくっていきたい」と青谷・気高原発について表明しています。

時間的にはかなり後のことですが、中電の社長は記者会見で「（青谷町への原発立地についで）かつて通産省が調査したことがあるが、（会社として検討する）順番はあとになる」と明かしています。

4 「青谷原発設置反対の会」の活動

「青谷原発設置反対の会」の活動の2本柱は、学習活動と情宣活動です。

学習会は月1回、講演会は年1回開催しました。講演会の案内チラシは町内の全戸に配布しました。どんな講演会を行っても、講演会に参加しない人の方が圧倒的に多いので、「講演会の内容を少しでも伝えられたら」と知恵をしぼってチラシを作りました。

チラシの配付は、高教組の書記局の設備を利用させてもらい、原稿やレイアウトを工夫し、印刷させていただきました。そして、青谷原発設置反対の会のメンバーの手で青谷町内約2400戸に配り、講演会の案内を含めて年2〜3回のB4版両面のチラシ配布を行いました。

講演会やチラシの配布は、県内の「反原発市民交流会・鳥取」や「反原発市民交流会・中部」「西部原発反対の会」と連携して「反原発連続講演会」・「反原発統一チラシ配布」として実施しました。その他「反原発風船揚げ」と「反原発合同合宿」を県内の反原発市民運動が協力して行いました。「風船揚げ」は、82〜86年まで年1回、レクリエーションと調査活動を兼ねて、長尾鼻や青谷海岸で500個の風船を放流しました。また夏には、青谷海岸にある民宿「よなごや」に集まり、レクリェーションと学習を兼ねて一泊の「反原発合同合宿」を行い交流を深めました。

1984年の講演会は、「地震」をテーマに和光大学の生越忠氏にお願いしました。生越氏は10月初旬に現地調査に来られ、長尾鼻の原発建設予定地とその付近一帯を、地上と海上の両方から、地質調査をされました。調査には、県内の市民団体10名以上が同行しました。講演会の直前に、生越氏はその結果を発表し、各新聞に大きく取り上げられました。講演会は「積み木細工の上の原発計画」と題して鳥取、倉吉、米子、気高、青谷の5ヵ所で10月下旬に開催されました。

生越先生の調査によると、「原発建設予定地一帯の地盤は、主に安山岩の溶岩流からなっていて、多くの節理（ひび割れ）や断層によって縦横にズタズタに切られているためきわめて脆く、全体として『積み木細工』や『寄せ木細工』のようになっている」ということです。長尾鼻は原子力発電所の立地には適していないということがはっきりしたわけです。

5　長尾鼻の土地共有化

1982年以来、講演会やチラシの配布活動を続け、チェルノブイリ原発事故により原発の危険性は広く知られてきたものの、私たちの心にはいつまでも不安が付きまとっていました。そしてついに1988〜1989年に青谷・気高原発の炉心付近の土地を共有化することができました。これは、7筆の土地約2500平方メートルについて、一口1万円で一筆の土地の共有者になるというもので、共有を募った結果、県内外の約200名の方に土地共有者になっていただきました。これにより長尾鼻の土地共有者となった私たちは、少し安心できました。

（1〜5　石井克一）

まとめ

1970年代の二度にわたるオイルショックや1979年のスリーマイル島原発事故の発生などにより1980年代初頭の原発情勢は酷しさを増し、原発立地をめぐる攻防も激しさを増していた。

山口県豊北町の原発反対運動により原発計画を挫折させられた中国電力は、原発設置のノウハウを巧妙化して利益誘導的で非科学的な準備工作を表面上・水面下の両面で展開したが、青谷・気高原発設置もその典型であった。しかし、青谷・気高両町の住民や県内の反原発団体などは、これらの準備工作に対して、①迅速な情報キャッチ、②住民運動を中心にして外部の反原発団体が支援する運動体制の構築、③住民の啓発をめざす徹底的な学習と宣伝、④住民過半数の反対署名活動、⑤地元自治体首長と議会の反対表明、⑥県内各界各分野の有志を網羅した原発設置反対の共同声明、⑦専門家の地質調査による原発施設基盤の危険性の暴露、⑧これらの多くの困難な課題を短期間で解決し、原発計画公表前に計画をストップさせる先制攻撃的水際作戦、の8点にわたる運動を精力的に展開して目的を達成した。

これらの中で②の住民を中心にした運動は、今後のグローバル資本の利潤追求を原動力とする社会経済活動の矛盾に対抗する地域の重要な役割を考えると、特に注目すべき運動と思われる。本文で述べた「いのちとくらしとふるさとを守る」スローガンは、原発を作らせないだけではなく、今後の美しくて住みやすい地域社会づくりに貢献するスローガンとして注目したい。

（八木俊彦）

補筆　フクシマ以後の共有地の活用

東電福島原発事故の衝撃は、県内において脱原発運動の旧世代と新世代を結び付けている。２０１２年12月の政権交代後、原発事故などまるでなかったかのような原発復活の揺り戻しがある。しかし、一方で、若い世代が自分自身の問題として、これまでの青谷・気高原発阻止運動とフクシマ原発事故をとらえようと自覚的に行動する姿が見られ、頼もしい限りである。フクシマ以後の高まる脱原発のうねりは止めることはできない。以下に、「反核・平和の火リレー」メンバーの若い世代に注目して、共有地を「さよなら原発」に向けた象徴的な拠点として活用する動きを略記する。

2011年5月、彼らから、「東日本大震災被災労働者に支援・連帯する闘うメーデー集会」に「青谷・気高原発反対運動とフクシマ事故の報告（報告者：青谷原発設置反対の会事務局員の横山光）」を、との要請が届いた。8月「原発のないふるさとへ（講師：反原発市民交流会鳥取の土井淑平）」講演会、11月「青谷・気高原発計画現地フィールドワーク」開催と続いて要請を受ける。

このフィールドワークには青谷・気高の運動を担ったメンバーと「反核・平和の火リレー」の約10名のメンバーなどから合計約20人が参加した。若いメンバーが初めて現地に立った。地図や実際の「登記済権利証書」の記載内容と照合すると、各人から、風光明媚な土地に原発が建設された場合の恐怖、30年の歳月で原野化した土地への感慨、土地共有化闘争への敬意が述べられた。最後に、一つの提案を参加者全員が承認した。道路端の共有地を開墾してさつま芋畑にし、前記の趣旨で生かしていくことである。

2012年5月、背丈ほどもある野イバラで覆われた共有地を草刈機や鎌などで刈り取った。10人余りのメンバーが約3時間かかって、かつての畑が姿を現した。草刈機の操作を教わりながら挑む青年や女性の姿が印象的だった。

6月、さつま芋の苗植えを行った。大人と子ども約20人で200本の苗を植え付けた。子どもたちが水やりをする一方で、大人はイノシシ対策の網を張る作業をした。この日は、彼らメンバーの他、福島県からの避難者や地元の憲法九条の会、宗教関係者などが新たに加わり、互いに日ごろの活動や今後の企画を紹介し合うことができ、活用の一歩を踏み出したとの思いが広がった。

9月と10月、さつま芋畑の世話に集まった際、畑に近接する反原発派住民の共有地に広葉樹の苗木を植えるための伐開作業も合わせて行った。

10月の県教育研究集会オープニングイベントでは、同メンバーの一人がこの年の共有地の取組みを脚本化して「原発のないふるさとを～青谷の長尾鼻から反原発を叫ぼう」の寸劇で演じた。劇中で、「なぜ自分は青谷に原発が設置されようとしていたことを今まで知らなかったんだろうと考えることが大切ですよね。」と観客に問いかけたり、来週のさつま芋収穫のイベントの案内をしたりして大いにアピールした。

10月下旬、収穫のために約50人の大人と子どもが集合場所の長尾鼻展望台広場に集まった。はじめに代表者が原発阻止のたたかいと共有地の確保の経過と意義を紹介、脱原発に向けた会の趣旨を参加者へ語りかけた。この後、場所を移動して、クヌギ、クリなどの広葉樹の苗木を植えた。続くさつま芋の収穫では芋を手に写真を撮る家族連れが何組も見られた。収穫した芋は各自が袋に入れて持ち帰るとともに、販売して原発事故被災地へのカンパの一部に充てるなど、参加者が団体毎に工夫しながら活用した。

昼食時は、名物のイガイ飯に収穫したさつま芋の入った汁や焼き芋、参加者手作りのお菓子などが添えられ、情報交換とともに充実した交流会になった。最後は、遠く鳥取砂丘まで見渡せる日本海をバックに記念撮影をした。（口絵写真）

共有地活用の取組みは、自公政権復活以後も変わりなく、会の名称、組織、年間予定、予算、情報発信などの面において、着実に軌道に乗りつつある。4年目の2015年8月、「青谷反原発共有地いも畑」の看板が、同メンバーを中心とする会員の手によって畑の横に建てられた。このような地域での脱原発新旧世代の交流や行動が、脱原発社会実現への契機になると信じて活動を続けていくことにしたい。

（横山　光）

参考文献

＊1　小野周監修、天笠啓裕『原発はなぜこわいのか』（高校生文化研究会、1980）。
＊2　『原発のないふるさとを』（気高郡連合婦人会、1983）。
＊3　『開発と公害』第29号（青谷・気高原発特集号）（開発公害研究会、1985）。
＊4　『開発と公害』第31・32合併号（上関原発特集号）（開発公害研究会、1985）。
＊5　小出裕章・土井淑平『原発のないふるさとを』（批評社、2012）。
＊6　中嶌哲演・土井淑平『大飯原発再稼働と脱原発列島』（批評社、2013）。

（初出『日本の科学者』2015年7月号）

福井県小浜市

「美しい若狭を守ろう」と原発と貯蔵施設を拒否しつづけた小浜《おばま》市民の大きなたたかい

中嶌哲演

原子力発電所設置反対小浜市民の会は、1971年12月15日に結成されたが、その時「三つの目的」がかかげられた。①小浜市への原電設置を阻止する。②原電のこれ以上の建設、増設、集中・基地化に反対する。③既設の原電については、安全性の確保、「自主・民主・公開」の平和利用三原則に基づく厳重な監視を要求する。

当時、私たちは、原発のことを原電と言いならわしていた。②に関しては、若狭湾沿岸にすでに7基が計画・建設中だったが、その後の新・増設によって現在15基もの世界一の原発密集地帯と化している。市民の会の結成から約20年間、私は事務局長をつとめたが、地元の新聞記者から会の目的を質されたとき、「会を解散すること」だと応答したことがある。事実、小浜原発の誘致を阻止し続けてきたのだから、会の解散も許容されたはずだが、②と③の目的のために今日まで存続を余儀なくされているのだ。

小浜市民は、小浜原発誘致を三度、使用済み核燃料中間貯蔵施設誘致を二度にわたって阻止してきた。その詳細を報告するとなると、いくら紙数があっても足りないので、以下に略述したい。

小浜原発誘致阻止の第一次市民運動

小浜市の内外海《うちとみ》地区の奈胡崎《なごさき》で、関西電力が地質調査を開始したのは1966年のことであった。その2年後の68年から71年にかけて、福井県知事や小浜市長が小浜原発の誘致を表明し、市議会などでも誘致へ向けての動きが表面化した。

反対の口火を切ったのは内外海漁業協同組合で、1969年2月の総会で設置反対を決議、ついで内外海原子力発電所設置反対推進協議会が結成された。奈胡崎を境に、漁業権が二分されていた。同じ内外海地区の田烏《たがらす》漁業協同組合は誘致推進でまとまっていたのだが。

71年11月には、原子力発電所反対若狭湾共闘会議が、敦賀・若狭・宮津の地区労働組合評議会などを中心に県境をこえて結成され、同年12月15日には、既述のように原子力発電所設置反対小浜市民の会が結成された。とくに小浜市民の会の構成・加盟団体の中に、当初の住民反対運動の特色が象徴されているように思える。

小浜市民の会への正式加盟は、原水爆禁止小浜市協議会、福井県高等学校教職員組合若

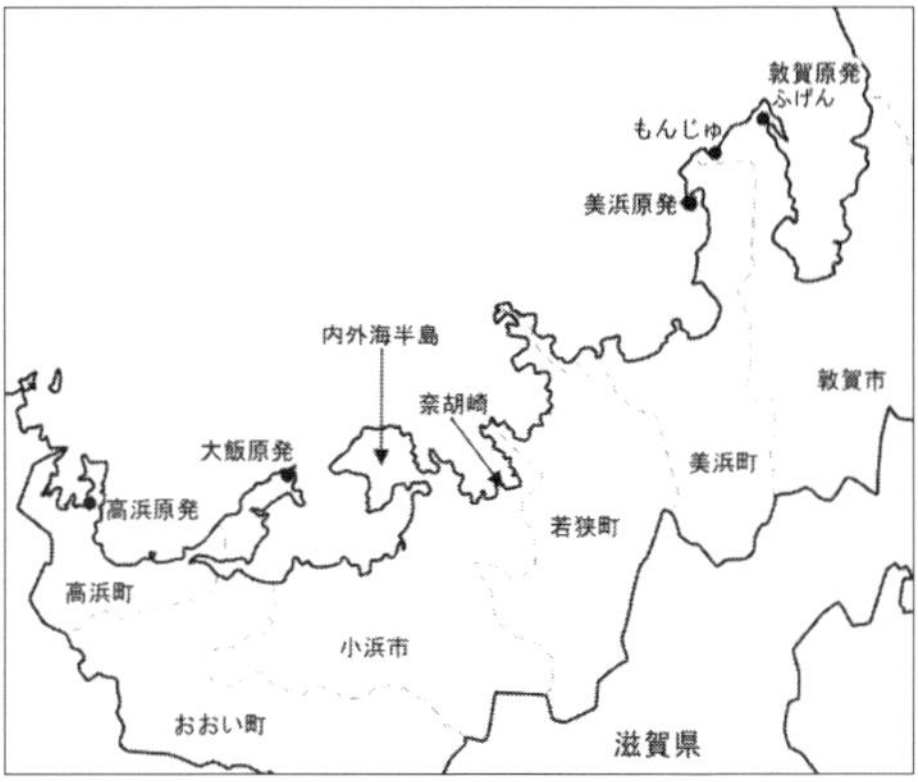

若狭湾の原発地図

狭ブロック、福井県宗教者平和協議会（小浜支部）、部落解放同盟遠敷支部、若狭青年原電研究会、若狭地区労働組合評議会の6団体。オブザーバー加盟は、内外海原子力発電所設置反対推進協議会、小浜市連合青年団、日本共産党小浜市委員会の3団体であった。結成時までに各団体・グループともそれぞれの運動を進めていたが、小浜原発誘致阻止を共同目的に合流・結集したのである。

当時、原水禁運動も反原発運動も全国的には分裂しており、小浜でも準備過程では激論も交わされたが、日本社会党の支持母体であった約3000人の組合員を擁する若狭地区労働組合をはじめ、会員5人の宗教者平和協議会（小浜支部）に至るまで9団体の代表が参加する幹事会の協議と傘下の構成員の協働によって、小浜への原発誘致阻止の目的を達成することができたのであった。

小浜市は、11村1町が合併したのだが、その12あるブロックごとに小学校や公民館があり、当時140の行政区があった。まず12ブロックの各公民館などで学習会が開かれ、各行政区に分散居住する9団体のメンバーに参加が呼びかけられた。学習会のテキストは、青年原電研究会（20代の青年有志30名の会員）が1年がかりで勉強会をかねて行った新聞記事のスクラップから精選したものを活用、説得力があり有効であった。

それを基礎に、全行政区にポスターをはり出し、72年の3月市議会から6月市議会に向けて、ビラを6回全戸配布し、前記の三つの目的を請願項目にした全有権者（2万4０００人）対象の署名運動を展開した。青年原電研究会の20歳の青年の発案で、運動のシンボルマークも採用された。それは三重の同心円で、青い若狭・小浜の海を抱いている美しい緑の半島、それらを包囲しようとしている原発の赤い輪を意味していた。その最外円の赤い輪を、美しい若狭を守る市民の熱い団結の輪に変えていこうと。6回配布されたビラの共通スローガンも、「美しい若狭を守ろう！」であった。

市民の会のメンバーが居住し、署名を集めた行政区は、１４０区中１１０区に及んだ。請願署名は、3月市議会に1万１０００名、6月市議会には累計1万３０００余名を超えた。署名の採否を審議する総務委員会への傍聴希望者は初回が数名、2回目が20名、3回目が40名、4回目は80名を超えた。本会議の傍聴者も満席、26名の市議のうち、社会・共産・公明3党の5名が請願署名の採択に賛成、21名の保守会派が不採択の方へ挙手。6回目に配布したビラの末尾では、「また、これは『市民の会』の任務というより、すべての市民が今回の教訓を生かして、今後は市議会の動向に注目し、選挙の時には心して私たちの代表を選ばなければならないと思います」と市民に報告し、訴えた。

ところで、誘致を表明し続けていた鳥居市長が、過半数の市民の反対の意思を汲み、誘致断念を6月市議会で宣言したことによって、小浜市民の第一次小浜原発誘致阻止運動は決着をみたのである。

また、市民の会の運動と並行して、内外海原発設置反対推進協議会の人々は、道路の県道昇格や舗装を県内選出の自民党の国会議員に直訴、着実に実現しつつあった。その前史には、地元の禅宗寺院住職（笠井昭道師）が、1955〜65年の10年もの間、托鉢によって、市街地へ通じるトンネルの開通に貢献されたことも忘れてはならない。

小浜原発誘致阻止の第二次市民運動

1975年12月市議会の閉会直前に、原発誘致に直結しかねない「発電施設の立地調査推進決議案」を保守会派が提出、翌年の3月市議会で決着するまで、第二次誘致阻止運動は激しく展開された。

第一次阻止運動後の市議会の構成は、原発賛成派が21名から19名へ、反対派の社会・共産・公明の3党は5名から7名へ変化していた。もともと議会内の論争においては反対派が優位を保っていたが、少数とはいえ5名から7名への増加は、反対運動にとって大きな力となった。

76年早々に、「美しい若狭を放射能から守ろう！」という市民の会ニュース号外の活字ビラを市内全戸に配った。市役所内の全課や全市議、市民の会の内外の主要な窓口には、ガリ版刷りのニュースの№29～39が発行され、配布された。たとえばその№33では、「総務委員会は審議をウヤムヤにするな！」の見出しのもと、「市財政の実状・問題点―原発依存の危険性―原発にたよらない地域開発は本当に考えられないのか」と問いかけ、「傍聴許可と公聴会を」と訴えている。

また「広がりゆく〝原発誘致阻止〟の声と行動」として、2月19日に300人の市民大集会と街頭デモが決行されたことを伝えている。

そして№39では、3月16～17日の本会議で、「市民の不安と期待に応えて、浦谷市長は〝原発誘致しない〟と言明／議会側では社・共・公の7議員が奮闘／吹雪下の市民運動、春風とともに成果」と報告。さらに、「財源（＝原発）よりも、市民の豊かな心をとりたい。県下7市中最低の財政力であり、財源は欲しい。しかし市民に不安を与えたり、ぜいたくに馴れてあとで問題が出るようであってはならない。少々乏しくとも、みんなで努力していきたい」との浦谷市長の言葉を紹介している。

本来、保守会派から市会議長へ、そして市長への軌跡をたどった浦谷市長であったが、二度にわたる反対運動の洗礼を受けて、鳥居前市長に引き続いて小浜原発誘致をキッパリ拒否したのである。

小浜市民は、自らの大運動と得がたい二人の市長の英断によって小浜原発誘致を阻止できたのだ。

小浜原発誘致阻止の第三次市民運動

「小浜市民は1970年代の前半（鳥居市長）と同70年代後半（浦谷市長）、そして1980年代の後半（吹田市長）の三度にわたって小浜市への原子力発電所建設を拒否したが、この三度目の『原発誘致拒否』はこれまであまり注目されずに来ている」と、小浜市民の会のメンバーの松本浩氏は、隔月発行の会紙「若狭の原発を考える—はとぽっぽ通信」の第200号（2014年8月）で指摘、具体的な資料などを示して検証している。

1984年に無投票で当選した吹田市長は、「いかなる条件が整おうとも原発は小浜に誘致しない」と市長選前の文書で明記していたにもかかわらず、小浜原発誘致の条件整備（①原発建設廃土運搬用道路づくり、②阿納尻湾《あのじりわん》の埋立・同建設工事用道路づくり、③小浜原発4基の用水確保のための河内川ダム計画、④関電からの大学誘致寄付金100億円受け入れ表明、⑤原発建設廃土の投棄先としての勢浜《せいはま》海岸整備事業）を進め、巨額の公費を投入しながら、途中で放棄された事業すらある（前記「ほとぽっぽ通信」掲載の「中川知事と吹田市長の小浜原発条件整備」より）。

1987年の市長選挙で圧倒的な優勢を喧伝されていた吹田市長は、1万43票対

1万2031票で、辻新市長の誕生を許す結果となった。「この『驚きの開票結果』から逆照射してみると、投票行動に示された小浜市民は……吹田市政の隠された意図を正確に見抜いていたのである」と松本氏。もっとも、1986年のチェルノブイリ原発事故にはさまれ、また他の敗因を指摘する市民もなくはないが、松本氏の指摘どおり、小浜市民が三度目の危機をのりこえた事実は確かなことなのである。

使用済み核燃料中間貯蔵施設の誘致

阻止運動：その1

15基の原発群に包囲されながら、そのど真ん中の小浜市民は一貫して原発誘致を拒否、阻止し続けてきたが、あろうことか1999年頃から、使用済み核燃料中間貯蔵施設の小浜市への誘致問題がくすぶり始めた。99年春の市議選立候補予定者に対する小浜市民の会からの公開質問をはじめ、市民の反対運動は2003〜04年にピークを迎えた。

京大原子炉実験所の小出裕章助教の講演会に、小浜市民の会のメンバーを中心に120名が参加。それに参加していた「若狭小浜の自然と文化を守る会」の役員たちが、小出氏のアンコール講演会を開催し、300人もの市民を集めた。「中間貯蔵施設はうさんくさいと思っていたが、これで頭がスッキリした。確信をもって反対署名運動ができる」と、JAの婦人部などをはじめ120人もの市民が、連日連夜寒風をついて市長宛ての署名収集を進め、市議会事務局によれば、最終的には有権者2万4000人中1万4097名に達した。他方、商工会議所や建設業会が誘致を求めた署名の方は3446名であった。

この署名運動と前後して、当時の山口市会議長や村上市長への請願、陳情、要請、要望、提言、意見書を出した団体・グループや個人は、誘致賛成側が4団体。誘致に慎重・反対側は9団体、1個人であり、それらすべての文書は「ほとぽっぽ通信」誌上に全文掲載し、読者に紹介された。

市議会の外の民意は前記のとおりであったにもかかわらず、市議会内では保守会派の15名が誘致側の請願書を採択し、誘致推進に関する決議を強行した（社・共・公の3党と無所属の5名が反対）。このねじれ現象を解消したのは、食中心の町づくりの実績と中間貯蔵施設反対を公約した村上市長を再選した小浜市民の意思である。

その市長選後、自民党小浜支部の複数の幹部が脱党して民主党小浜支部を立ち上げ、商工会議所の80歳前後の会頭・副会頭が60歳前後の2人に交代、人事一新したことも付記しておこう。

この阻止運動の中で、2004年4月の「はとぽっぽ通信」第141号で、私は次のように訴えている。

「……すでに生み出された使用済み核燃料の貯蔵〜処分の必要性まで、私たちは否定していない。しかし、その場しのぎに、相も変わらず札束と引き換えに過疎・辺境の地に中間貯蔵施設を押しつけて、老朽原発を延命させ、使用済み核燃料を増加させることを、私たちは拒否しているのだ。そのことを若狭の電力を大量消費している原発『源地』の自治体・住民・企業等にも認識していただきたい」と。

使用済み核燃料中間貯蔵施設の誘致

・阻止運動：その2

村上市長の三選不出馬が明らかになった2008年に前後して、中間貯蔵施設誘致に積極的な姿勢を見せていた松崎晃治県議が市長立候補予定者として浮上するなかで、東京からの落下傘立候補予定者として鳥居昭彦氏の出馬表明があった。氏は、かつて小浜原発誘致を断念した鳥居市長の長男である。松崎氏の独走を危惧していた小浜市民は、その二人の立候補予定者に対してしたたかなアプローチを試みた。

両立候補予定者に対して、小浜市連合婦人会は公開討論会を呼びかけ、核燃料中間貯蔵施設を考える女性の会は公開質問状への回答を、小浜市民の会は勉強会への出席を求めて、中間貯蔵施設に対する賛否を確認したのである。

鳥居氏は「100％誘致はあり得ない。原発に依存しない地域づくりを」と訴え、松崎氏も「誘致しない」ことを確認した。それを各紙が報道するなかで、鳥居氏は不出馬を表明。松崎氏が単独立候補、当選をはたした。2008年の夏のことであったが、松崎氏はその公約を守り、２０１１年3月の福島原発事故に直面して、自らの決断と市民の選択を深く肯うことができたのであった。

巨大な大飯原発４基から10㎞以内の住民分布は、建設当時、小浜市民が75％を占めていたにもかかわらず、大飯原発の地籍が大飯町にあるという理由だけで、小浜市（民）は「地元」自治体・住民から排除され続けてきた。大飯原発1・2号機の建設や3・4号機の増設時に、小浜市（民）に発言権が付与されていたら、大飯原発４基は存在し得なかったことになろう。3・4号機増設に関わるアンケートや10㎞圏内の市民投票で8～9割の反対を表明した小浜市民が、その中で上げていた切実な声のほんの一部を伝えておきたい。

～「これ以上の増設は絶対反対。家の二階からよく見えて事故なきを毎日祈り居る状態です」「二児の母として断固原発に反対します」「さけびたいほど反対です。これ以上デンキをおこさないでも昔のように皆なはたらくとよろしい（78歳の老婆）」「原発持たぬ都市でのムダ使いを何とかならぬものか」「中学校の娘が言いました。『お母さん、私ら小浜の子は他の県の人と結婚できんネ……』と」「何年か先、いろんな困ったことがでてきて、その時になって子や孫からこれを許した我々が、どれだけうらまれることか、あやまってすむような単純なものではないと思う」～

福井地裁による大飯3・4号機運転差止めの判決や高浜3・4号機運転差止めの仮処分決

定は、ようやく長年にわたる小浜市民の切望にも応えたものといえよう。
しかし、あたかも「フクシマ」などなかったかのように、再稼働へ向けて暴走している原子力ムラや原子力行政の現状は、かつての小浜市民を包囲していた状況とあまりにも酷似している。が、原発を拒否する有権者過半数の潜在的な意思を、小浜市民が署名運動などによって顕在化し、市長の決断を得ることができたように、再稼働に反対する6~7割もの国民的な潜在世論をどのように顕在化し、原発ゼロ社会への道を切り開いていくのかが問われているのではないだろうか。

（初出『日本の科学者』2015年8月号）

資料1

福島第一原発事故による宮城県周辺の放射能汚染分布

南部拓未

2011年3月の東日本大震災によって引き起こされた福島第一原発の事故で飛散した放射性物質による汚染実態は、感度・分解能の制約により線量率が0・1μSv/h前後の地域においては未だ不明のままである。本研究では放射性微粒子の流入・流出が少ないと考えられる平坦な草地の上1mで測定を行った。実測値から放射性元素の減衰率、自然放射線、地形の特徴を考慮し、宮城県における放射能汚染マップを作成した。

はじめに

2011年3月11日14時46分に発生した太平洋沖地震と、地震によって引き起こされた大津波は、東日本に甚大な被害を及ぼした。福島第一原発では全電源を喪失して原子炉を冷却することができなくなり炉心溶融が発生、水素爆発によって原子炉建家は吹き飛び、この事故によって大量の放射性物質を大気と海洋に放出した。放射性物質は、私たちの生活圏も含む自然環境を汚染した。放射性物質による汚染は、4年が過ぎた現在でも、市民生活に大きな影響を及ぼしている。線量が高く除染しなければ生活できない地域の他に、汚染を被っているにもかかわらず低線量であるために除染は行われず日常生活を送らなければならない地域は数多く存在する。

このような低線量地域からも規制値を超える農・水産物が続出していることから、低線量地域の汚染分布を明らかにすることは重要な課題である。以上のことから本研究では、宮城県のほぼ全域で放射能汚染の実態調査を行った。

汚染の実態についてはさまざまな研究者や市民・行政など、幅の広い層から実態調査がおこなわれてきた。

たとえば、2011年に実施された文科省の航空機モニタリング[*1]や、早川由起夫（2013）[*2]による放射能汚染マップなどで、その概要を知ることができる。

しかし、航空機モニタリングでは、感度・分解能の制約によって、線量率が比較的低い宮城県での汚染の状況などはよくわかっていない。また、早川（2013）による汚染マップも市町村単位での汚染分布は読み取れない。

本研究地域である宮城県では、自治体による測定は都市部に集中しており、山間地域などの郊外における測定数は乏しくて面的分布まではわからない。

市民団体による汚染実態の調査も多数おこなわれているが、測定条件や測定地点の状況が調査者によってさまざまである。また、線量率が低い地域では、自然放射線の影響も無視できないため、測定値を比較することが困難である。

以上の背景から、著者は宮城県のほぼ全域における放射線量率を実測し、初期段階の汚染分布を明らかにするため実測値に基づく放射能汚染マップの作成を試みた。本稿では作成した汚染マップに基づき、宮城県の汚染実態を明らかにする。

放射線量の測定

線量率の測定は、地面から1mの高さで1分間の計測を行った。測定にはHORIBA社の線量計、CsI（Tl）シンチレーションカウンター（Radi PA-1000）を使用し、吸収線量率（単位：μSv/h）を測定した。

各測定地点の間隔は、2万5000分の1地形図に表現しうる間隔で行った。測定は2012年4月から2013年8月までの期間で実施した。

汚染マップを作成するにあたっては、どのような場所で放射線量を測定するかが重要である。小山真人（2012）[*3]によると、線量率の分布は、降下火山灰の降り積もり方や保存状況とよく似ていると指摘されている。

たとえば、森林に降り注いだ火山灰は、しばらく樹木の表面に付着してそこに留まる。

その後、雨で洗い流され風で吹き払われて、地表に落下した火山灰は、下草や落ち葉に庇護されて地層となる準備に入る。

一方、裸地では、地表の上に火山灰が直接堆積することになるが、それはまもなく風や雨水で運び去られてしまい、その場所で地層となることはない。

平坦地では流入や流出は少なく、火山灰は、降下した当時の状況をもっともよく保存している。放射性微粒子の場合も、降下火山灰と同様の分布を示していることが考えられるため、線量率は急傾斜地やアスファルト、裸地で低く、谷底や窪地で高く、平坦地で中間的な値を示す傾向がある。

つまり、平坦な草地の上では、降下当時の分布状況をもっともよく保存していることが予想される。

小山（2012）[*3]では、このような降下火山灰との類似性に着目し、静岡県における線量率の測定を行い、汚染マップの作成を行っている。

本研究においてもそれに習い、測定は可能な限り平坦面上の草地を選んで実施した。このように計測地点を草地の上に限定することで、放射性微粒子の移動によって極端に線量が高くなった場所や逆に低くなった場所を除外することができるため、もっともよく汚染当時の状況を復元していると言える。

測定結果

測定地点数は８０１地点、測定期間は２０１２年４月30日から２０１３年８月24日まで行った（図１）。草地の上１ｍでの測定値においては最大値が０・４１４μ Sv/h（以下、線量率の単位は省略）、最小値が０・０３４となった。測定地点の位置は図２を参照してほしい。

実測値の分布を概観すると、線量率が高い領域は、宮城県北部、中央部、南部、および牡鹿半島の四つの領域に大きく分けられる。

県北部では、栗原市の丘陵地域（標高１００〜５００ｍ程度）を中心に北北東―南南西方向へと０・20前後の値が帯状に分布していることが確認できる。

県中央部では、仙台市中心部では線量は０・06前後と低くなっているが、仙台市西部の山間地域、山形県との県境周辺で０・16〜０・20程度の値が顕著である。

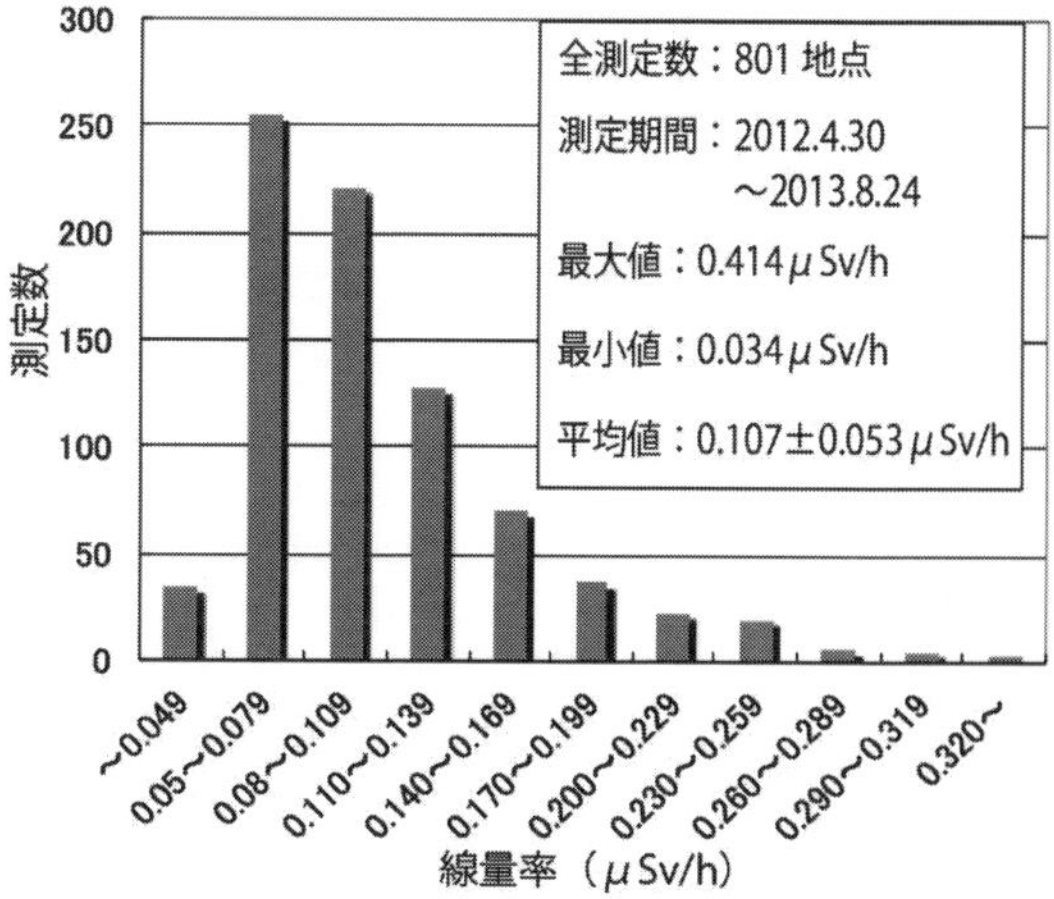

図１　線量率と全測定地点数
（草地の上 1m における線量率と全測定数を示す）

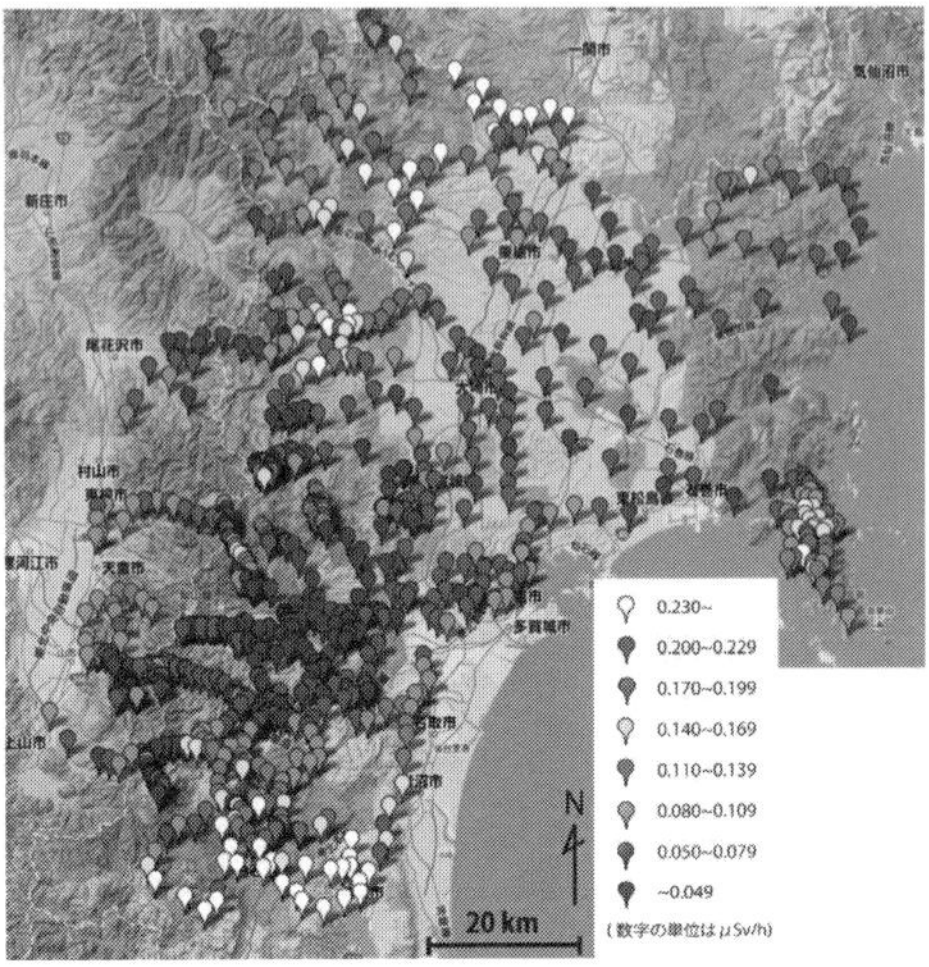

図2　本研究による測定地点の分布。草地の上1mで測定した線量率を示す。自治体による調査において測定数が少ない山間部を重点的に測定した。栗駒山、船形山、熊野岳などの宮城県における主要な山地では山頂まで赴き測定を行っている。測定は2012年4月から2013年8月までの期間で実施。作成にはgoogle mapを使用。

宮城県南部では、福島第一原発から北北西方向に線量の高い地域が続き、その北端部は、宮城県七ヶ宿町や白石市などの宮城県南部まで達している。

この領域は、宮城県において線量が最も高い場所であり、福島県との県境に位置する宮城県丸森町では、本調査で最も高い0・414の線量が認められた。

北上山地の南端に位置する牡鹿半島での線量が高い範囲は他の領域より狭いが、0・20前後の線量のやや高い値を示している。

汚染マップの作成

実測値から汚染マップを作成するためには、いくつかの点を考慮する必要がある。

一つは、測定された値は原発事故による汚染であるのか、または自然放射線由来か、という問題。

二つ目は、自然放射線の影響。

三つ目は、放射性元素による線量率の減衰の効果。

四つ目は、大地形による汚染分布の制約である。ここではこれらについて検討する。

（1）汚染の有無

ここまで測定値の分布について概観したが、この測定値には、岩石などから発せられる自然放射線量も含まれている。そのため正味の汚染による線量率であるかは、値だけではわからない。

そこで仙台市内において、線量が0・06程度の低い値を示した地域で、スペクトルサーベイメーター（テクノエーピー社：TA100U）を用いて核種同定を行った。

測定箇所は、草地の上および雨どいで行っ

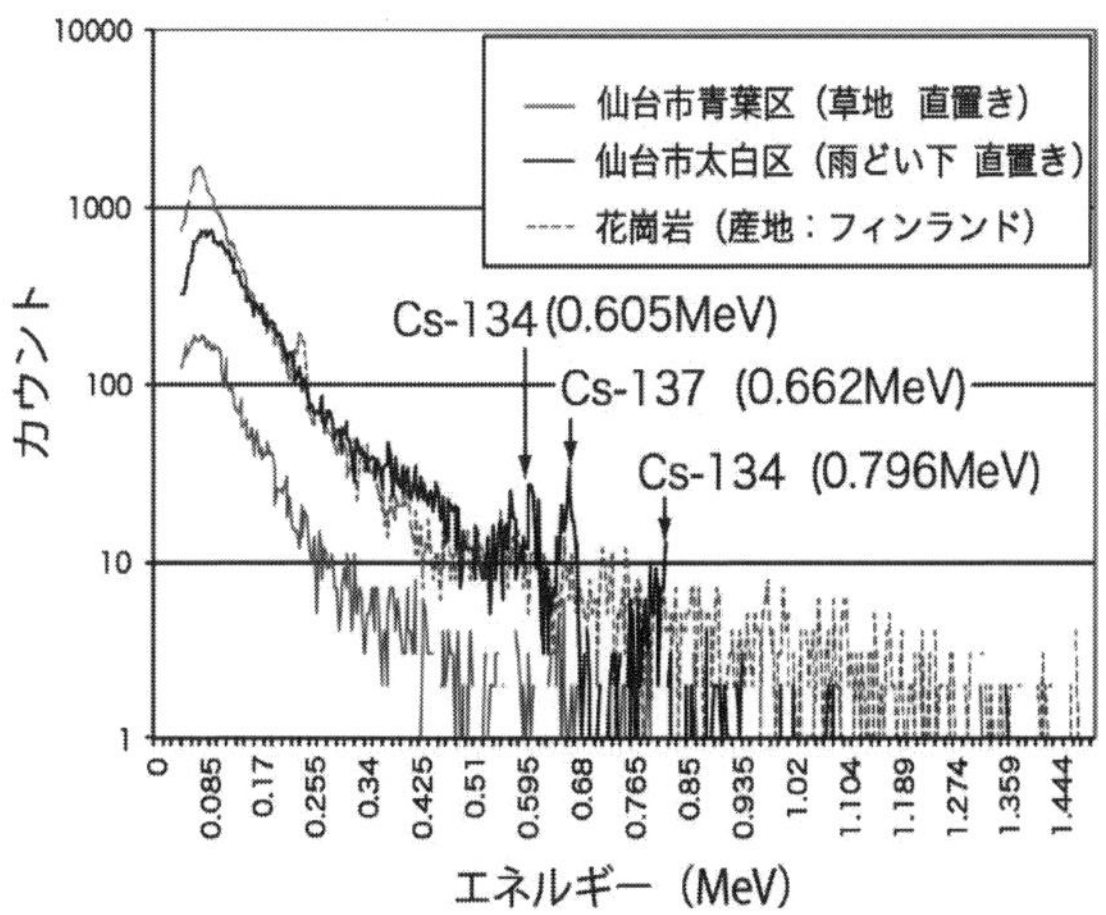

図３　核種スペクトルによる放射性元素の同定

た。測定結果が（図3）となる。

比較のため、石材として販売されている花崗岩のスペクトルも合わせて示す。放射線のエネルギーは、放射性元素の種類によってエネルギー分布のピークが異なるため、ピークの位置によって核種を決定することができる。

図3をみると、自然放射線を放出する花崗岩のエネルギー分布は細かなピークがあるのに対して、草地の上や雨どいでの測定では、セシウムに特徴的な鋭いピークが明瞭に認められる。

したがって、仙台市内での線量が0・06程度の地点においても、自然放射線量に加え原発事故由来のセシウムが存在していることがわかる。

（2）自然放射線量

では、自然放射線量は、測定値にどの程度寄与しているのだろうか。

われわれの身の回りには、宇宙線や岩石、石材などに由来する自然放射線があり、測定値が異常であるかどうかは、自然状態の放射線量と比較して初めて知ることができる。

このような自然放射線量は、主として岩石の分布によって地域ごとに異なる。日本列島の自然放射線量の分布は、岩石中のカリウム、トリウム、ウランといった放射性同位体の含有量によって、各地域の線量率を計算で求められる。

その値は、産業技術総合研究所や地質学会のホームページ等で確認できる。また、震災前の自然放射線量の実測値は湊進（2006）[*4]に詳しい。

これらによると、宮城県における自然放射線量の多くは、0・025程度のきわめて小さな値である。やや高い領域としては、県の南部でみられる阿武隈花崗岩や北上花崗岩と呼ばれる岩体、また、牡鹿半島や北上山地に分布する中古生界の堆積岩類で0・03〜0・05程度の値を示す。

測定値には、こうした自然放射線量の上乗せ分が含まれている。なお、宇宙線由来のものは十分に小さいものと仮定して、本研究では考慮しない。

汚染マップ作成にあたっては、各測定地点の岩相から推定した自然放射線量をすべての測定値から差し引き、より正確な正味の汚染に近い値を用いた。

（3）放射性元素の減衰率

線量率の測定結果を汚染マップとして作成するうえで、もう一つ考慮しなければならないものが半減期である。放射性元素は、確率的に崩壊し、安定な別の原子核に姿を変える。そのため放射性元素の量は次第に減少する。

今、汚染によって地表に分布している放射性元素は、主にセシウム134（半減期2年）とセシウム137（半減期30年）の2種が含まれている。よってセシウム全体から放出される線量率は事故日から数えて1年で78％、3年で51％、5年で37％となる。

初めの10年は、年の単位で順調に減衰していくものの、その後はセシウム137からの放射線が消えずに残っているためゆっくりと減っていく。

本調査では、期間が約1年半にわたるため、半減期による減衰で最大で約30％の差が生じることになる。こうした要素を考慮するため、測定値を減衰率で補正した。補正は、各測定地点での測定日から測定を開始した2012年3月までの減衰率で行った。

（4）大地形

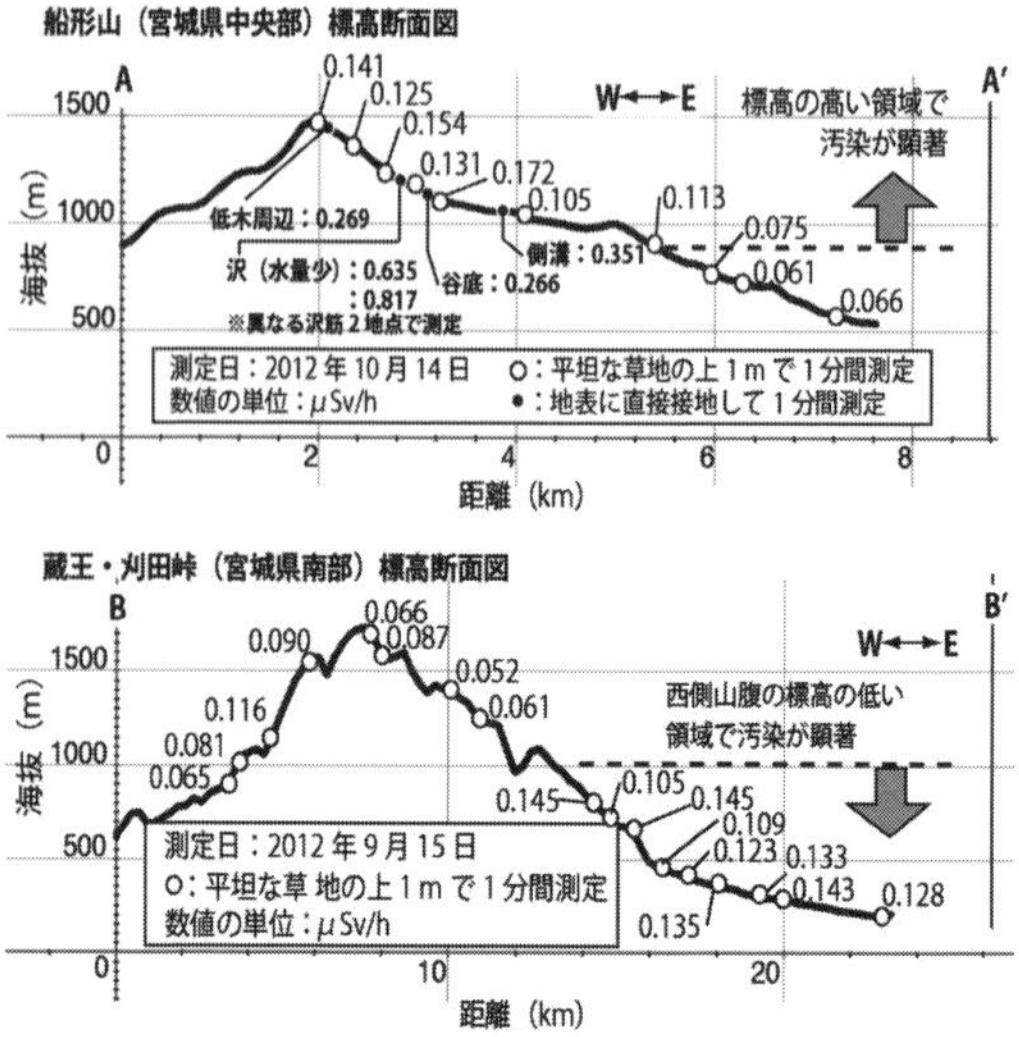

図４　船形山と刈田峠の標高断面図
宮城県中央部に位置する船形山（上の図）と宮城県南部の蔵王刈田峠（下の図）の標高断面図と測定値。

線量の高い領域を見ると、地形をよく反映した分布を示している。東北地方には南北に縦断し、日本海側と太平洋側を分ける奥羽山脈がそびえている。

奥羽山脈は標高500m以上の山地が連なり、宮城県での最高峰は、県南部に位置する蔵王連峰の熊野岳で標高1840mである。汚染は、奥羽山脈を境に太平洋側で顕著である。また、宮城県中央部と南部では、標高によって汚染

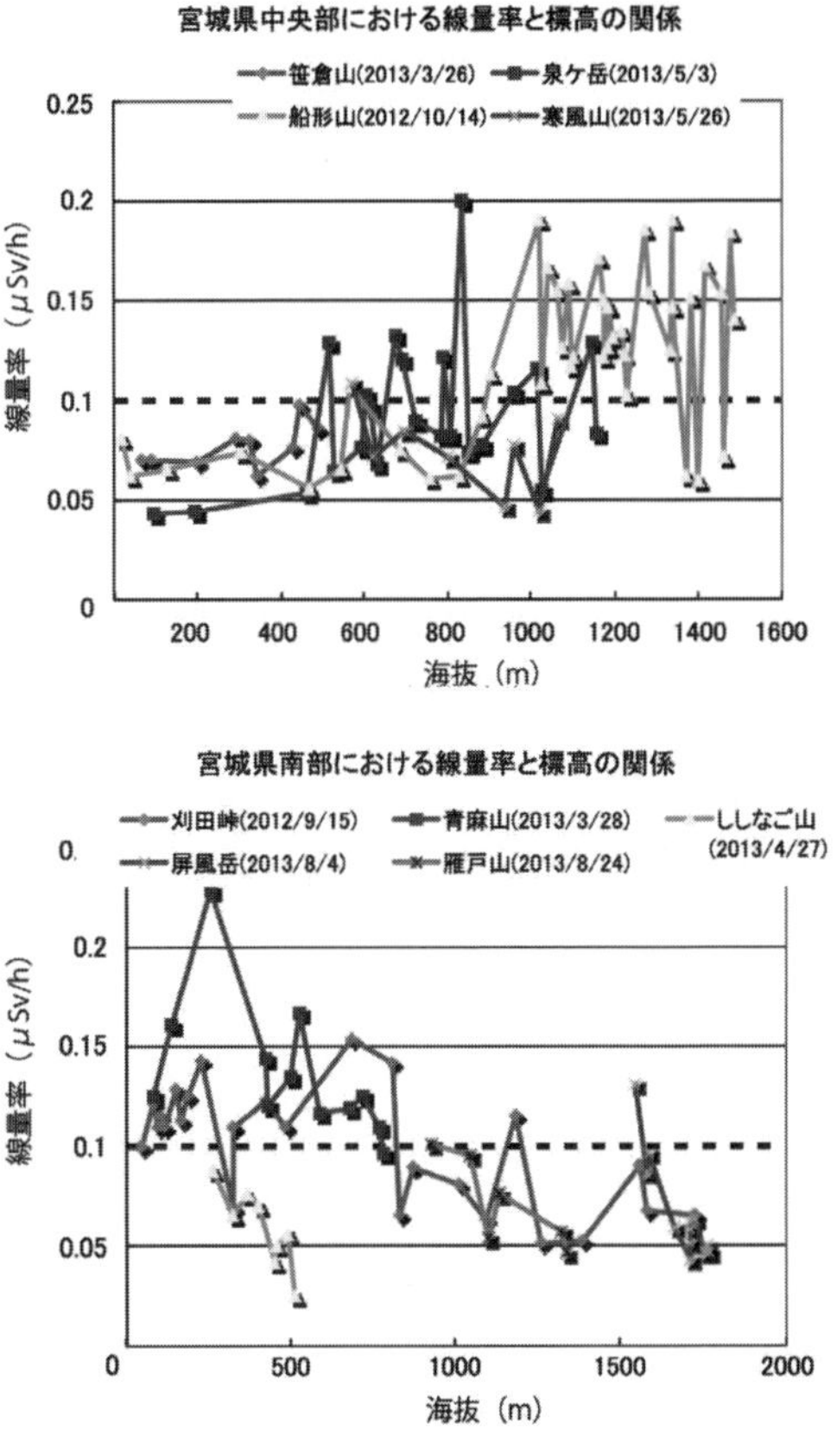

図5　線量率と標高の関係
宮城県中央部（上の図）に分布する四つの山地と宮城県南部（下の図）の五つの山地における測定値と標高の関係。位置は図7に記載。

分布の傾向が異なる。宮城県中央部の例として船形山（図4上）と、南部は蔵王刈田峠（図4下）の標高断面図を図4に示す（断面位置は図6に記載）。断面図上に各高度で測定した線量率を示した。

県中央部に位置する船形山では、標高1000m以上の領域で線量は0・10以上となり、標高が低い領域に比べて相対的に高くなっている。

また、谷底や側溝などの吹き溜まりでは周囲よりも高い線量が複数確認できる。

それに対して、南部の蔵王連峰熊野岳における測定結果をみると、山頂を含む1000m以上の場所で、線量は0・10以下の値が多くて、汚染の程度は弱いが、標高1000m以下の領域での線量は相対的に高く、0・10以上となっている。

その他の主要な山地における線量率の測定結果と標高の関係を、中央部（図5上）と南部（図5下）の二つの領域に分けて図5に示す（山地の位置は図6に記載）。これら複数の山地で標高と線量の関係は、中央部の山々は舟形山と、また南部の山々は熊野岳と同様の傾向が見られる。

このような中央部と南部の汚染分布の違いを考慮し、地形の起伏を反映させて汚染マップを作成した。

宮城県の放射能汚染マップ

以上に述べた要素を考慮して2012年に作成したのが、宮城県における放射能汚染マップ図6である。

この汚染マップでは、放射性微粒子の流入・流出が最も少ないと考えられる平坦な草地の上で測定しているため、震災当時の汚染分布をよく反映したものとなっている。

また、半減期による減衰率を考慮しているので、線量の値は2012年3月時点の汚染を示す補正値になっている点に注意したい。

図6は、早川（2013）[*2]の「フクシマ放射能汚染の日時」に示された汚染状況をよく反映したものになっている。まず「2011年3月12日」に放射性物質が福島第一原発から北東方向の海上に流れて牡鹿半島を汚染した。

その後「3月15日」に再び福島第一原発から放出された放射性物質は北北西の白石市方面に流れ、宮城県南部を強く汚染した。「3月20日」には、宮城県中央部から北部、そして一関市にかけて流れていったと推定した汚染ルートとよく一致する。

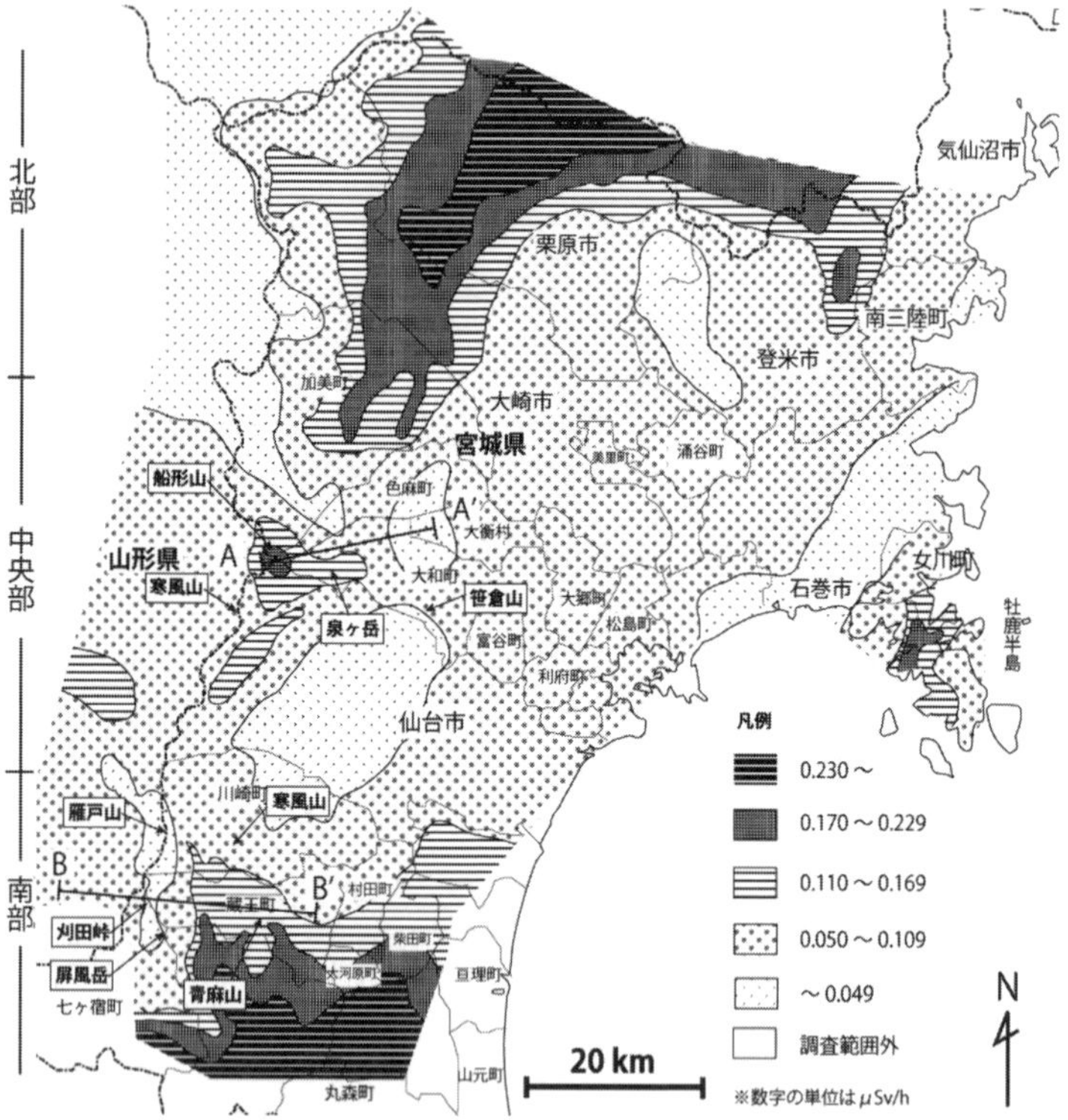

図6　宮城県における放射能汚染マップ。実測した線量率から自然放射線量を差し引くことで正味の汚染を表現している。また、放射壊変による線量率の減少を補正することで2012年時点の汚染分布を再現した。

おわりに

本研究による汚染マップは、宮城県において実測値に基づいて作成されたものである。こうしたマップは、汚染に関するもっとも基礎となる情報であり、放射性物質の飛散を検討し、原発災害によるリスクを考えるうえでも重要なものである。

今後、本研究が原発事故の実態を把握し、再検討する一助となれば幸いである。

謝辞　嶋田一郎博士には貴重な意見およびご助言をいただいた。なお、本研究の一部に武田科学振興財団高等学校理科教育振興、日本科学者会議研究助成を使用した。厚く感謝を申し上げる。

注および引用文献

＊1　文部科学省「文部科学省（米国エネルギー省との共同を含む）による航空機モニタリング結果」。http://radioactivity.nsr.go.jp/ja/list/362/list-1.html（最終閲覧日：2015年2月10日）。
＊2　早川由起夫 ホームページ「福島原発事故の放射能汚染地図」『早川由起夫の火山ブログ』。http://kipuka.blog70.fc2.com/blog-entry-570.html（最終閲覧日：2015年2月10日）。
＊3　小山真人「静岡県周辺の地上放射線量分布と福島原発起源 の汚染状況」『日本地球惑星科学連合2012年大会講演要旨』、MAG34-p.10（2012）。
＊4　湊 進「日本における地表γ線の線量率分布」『地学雑誌』115（1）87-95、（2006）。

（初出『日本の科学者』2015年5月号）

資料２

福井地裁による「高浜原発３、４号機運転差止仮処分決定」の意義

山本富士夫

はじめに

本資料作成の目的は、福井地裁による「高浜原発３、４号機運転差止仮処分決定」の意義を述べ、それが本書の「原発を阻止してきた地域の闘い」の資料になることを、十分なものではないが、強く願うものである。本資料の前半では、筆者の力量の限界についてお断りしつつもそれを顧みず、２０１１・３・11発生の福島原発事故の以前と以後における、いわゆる原発安全神話に対する不信感への変化について言及する。また、法学は全くの専門外であるが、福島原発事故以前に争われた原発裁判では、住民側はたった2回しか勝訴できず、その他の裁判ではことごとく敗訴となったことを紹介する。福島事故以後、筆者の住む福井市にある福井地裁が、関西電力（以下、関電）の「大飯原発３、４号機運転差止請求事件」および「高浜原発３、４号機運転差止仮処分命令事件」で、原告住民側勝訴

を言い渡したことを紹介し、特に後者について詳しく説明することを本資料の本体とする。

上記の2件は、画期的な判決となり、すべての原発をなくそうとする運動に大きな勇気を与え、広く世界に知れ渡るものとなった。福井地裁判決が模範的に今後も生き続け、現在進行中の他の原発裁判においても住民側が勝利するために、私たち住民は原子力ムラに対するたたかいを強めなければならないと、訴える。

後尾に、本資料の内容の補足事項を列挙する。

参考資料は、必ずしも十分ではないが、読者の理解を助けるのに有用と思われるものだけを掲載した。

おことわり

① 筆者は、その専門（流体力学・機械工学）以外の専門領域における文言（特に、法律用語）の記述に正確さを欠くおそれを免れない。

② 福井地裁による「高浜原発3、4号機運転差止仮処分決定」判決文と理由の要旨は、本稿には記載しないので、読者においてネットから参照されたい。

③ 現在、福井地裁において、被告・関西電力（以下、関電）による「仮処分決定」取り消し申し立てがあり係争中（審尋中）であるため、原告（住民側）弁護団作成の非公開資料をここに引用するはできない。

④　再稼働を容認した「川内原発仮処分」と再稼働を禁じた「高浜原発仮処分」の裁判の決定内容を対比することは、必要な議論であるので3人の弁護士（井只野靖、井戸謙一、笠原一浩）による文献[*1〜3]を紹介するにとどめる。

⑤　筆者は、日本科学者会議第46回定期大会決議（2015年5月30日）『福井地裁による「高浜原発3、4号機運転差止仮処分決定」を力に、原発の再稼働を阻止するたたかいを強めよう』[*4]を支持し補強する立場に立って、本資料を作成する。

福島事故以前の原発裁判で住民側勝訴は2回だけ、他は全部敗訴

（1）福島原発事故の前後における原発の安全性に対する認識の変化

2011年3月の東京電力福島第一原子力発電所の1号機〜4号機が大損壊を起こした結果、大量の放射性物質が環境に放出し、福島原発事故は大災害となった。

福島事故が起きるまでは、産官学連携の原子力利益共同体（原子力ムラ）によって構築されてきたいわゆる原発安全神話[*5]（原発は安全に制御し運転できると信じる話）のもとで、一部を除いて、大多数の国民は、原発による大災害は起きないと信じ込んでいた。

しかしながら、福島原発災害の後、大多数の国民は、原発は本質的に危険なものであり、大事故を起こす確率は、想定以上にずっと高いものであるという認識を持つようになった。

そのような新しい認識は、原発立地地域の住民や原発関係者だけでなく、それまで原発問

題に無関心であった多くの人々にも衝撃的に共有されるようになった。現在、原発裁判にかかわる裁判官や弁護士らも例外なく、原発安全神話に疑念を抱きつつ、司法判断に臨むようになってきていると、筆者は見ている。

福島原発事故以前の数十年間に、原発の建設・設置や運転の差し止めを請求する多くの裁判事件があった。その間、下記のとおり、たった2回の住民側勝訴があったが、その他はことごとく住民側敗訴となった。それらを判じた裁判所は、いずれも、安全神話から抜け切れないで、「原子力行政の専門家が安全だと言うのだから、原発は安全に運転できる」と考えたと一括できよう。

(2) 福島原発事故以前の原発裁判で住民勝訴となった2件

次の2件は、住民側勝訴の判例として特筆される。

住民側勝訴の例1：
もんじゅ設置許可を無効とするように住民が訴えた事件で、名古屋高裁金沢支部はもんじゅ設置許可を無効と判決。

1985年、「原発反対福井県民会議」に加盟する団体に属する周辺の住民32人が、国(経済産業大臣)による高速増殖炉もんじゅの原子炉設置許可に対して、もんじゅの安全性は十分でないとして設置許可の認可を無効とするように求める行政訴訟を起こした

（提訴）。一審では住民側は負けたが、2003年1月27日には名古屋高等裁判所金沢支部がもんじゅの設置許可処分が無効であることを確認する判決を下した（住民側勝訴）。しかしながら、国は控訴し、最高裁判所は2005年5月30日、「国の安全審査に見過ごせない過誤や欠落があったとは言えず、設置許可は違法ではない」との判決を下し、国の勝訴が確定した。

住民側勝訴の例2：
志賀原発2号機運転差し止め事件で金沢地裁は住民側勝訴の判決

1999年に住民らは志賀原発2号機の建設差し止めを請求して提訴した。2006年金沢地裁は請求認容の運転差し止めの判決を出した。しかし、2009年名古屋高裁は原告逆転敗訴とし、2010年最高裁は原告による上告を棄却した。

福井地裁の判決に至る経過と今後の見通しの概要

① 2014年5月21日に福井地裁（樋口英明裁判長）は、「大飯原発3、4号機運転差止請求事件」に対して、大飯発電所3号機及び4号機の原子炉を運転してはならない」と断じた。*6

② 2014年12月17日に規制委員会は、関電の高浜原発3、4号機の再稼働申請に対して、新規制基準に適合したとする「審査書案」出した。それを受けた関電は、工事認

可から運転前検査を受ける準備まで次々と工程作業を進めている。

③ 今年（2015年）4月14日に福井地裁（樋口英明裁判長：4月1日名古屋家裁に異動）は、原告9名が緊急性をもって訴えた「高浜原発3、4号機運転差止仮処分命令事件」に対して、「高浜発電所3号機及び4号機の原子炉を運転してはならない」という命令（以下、「高浜仮処分決定」という）を被告・関西電力会社（以下、関電）に出した。

④ 関電は、直ちに（4月17日）に「高浜仮処分決定」の取り消しを求める保全異議と「高浜仮処分決定」の執行停止を福井地裁に申し立てたが、林潤裁判長は5月18日に「決定を取り消すような明らかな事情について説明があったとはいえない」として関電の執行停止の申し立てを却下した。

⑤ 関電（債務者）は、5月15日に福井地裁に「異議審主張書面」を提出した。第1回の大飯原発審尋と高浜原発の異議審が、福井地裁で2015年5月20日（同日に時間をずらして）に行われた。次の審尋と異議審は、9月3日、10月11日、11月13日（予定）に行われる。その間、関電は高浜原発を再稼働できない。もし関電が保全異議審で勝訴した場合には、高浜原発を再稼働できる。

⑥ 原告（住民側）は、起訴命令が定める一定期間内に本案訴訟を提起しない場合、仮処分命令は取り消される。原告が本案訴訟を提起した後、関電はその訴訟で勝たなければ

ば高浜原発を再稼働できない。

⑦原告弁護団は、脱原発弁護団全国連絡会の支援を受けている。弁護団弁護士の中には京大理学部出身者や、「原発地震動想定の問題点」（七つ森書店）を出版している東大理学部出身者がいる。理系出身でない他の弁護士も、原子力工学を含む自然科学の勉強に励んでいる。彼らは国民のための目線で裁判に勝利するためにあらゆる努力を注いでいる。筆者も所属している「福井から原発を止める裁判の会」は、彼らを支援する活動を強めている。

⑧それに対して、被告弁護団は、不十分な多重防護などの旧態依然たる論理に執着し、原告弁護団との論争を回避しようとしている。筆者は、非公開の審尋や異議審の席に出ることができないが、確かな筋の話によれば、担当の林裁判長は、住民側の説明には理解を示し、関電からの回答にはまだまだ納得できないと言っているらしい。判決は、年内あるいは年明け早々に出されるとみられているが、それが一体住民に有利なものとなるか、不利なものとなるかについては、筆者の判断できるところではない。

⑨関電は、異議審でも本案訴訟でも敗訴すれば、最高裁まで争うつもりだとみられている。関電は、再稼働禁止命令にしたがって運転できない場合の損金（一日当たり数億円×停止日数）を住民側に担保せよと迫る気配をみせるなどして、住民側の団結を切り崩そうとしているようである。その法的な正当性は認められないだろうが、関電

の高圧的な姿勢と金権欲に対して、原告団の中には恐怖を感ずる者がいないとは言えない。しかし、私たち住民側は、最後の勝利を得るまで粘り強いたたかいを展開する覚悟を固めている。

高浜原発3、4号機運転差止仮処分決定の意義

議論の進め方

「高浜仮処分」の決定文を逐条的・網羅的に検討することをしないで、ここでは「決定」の理由を2点に集約し、それらの意義について筆者の検討結果を報告する。

理由①：「基準地震動は信頼性を失っている」

「決定文」31ページより引用：

「証拠（甲225、乙13）によれば、本件原発においても地震の平均像を基礎としてそれに修正を加えることで基準地震動を導き出していることが認められる。万一の事故にそなえなければならない原子力発電所の基準地震動を地震の平均像をもとに策定することに合理性は見い出し難いから、基準地震動はその実績のみならず理論面でも信頼性を失っていることになる。」

意義①：

（1）基準地震動は、入倉孝次郎京大名誉教授の論文[*7]（地震モーメントと破壊域（断層

面積）の経験的関係の図、など）から明らかなように、同教授が関与して過去の地震動の平均像をもとに、策定されたものである。全国で20カ所にも満たない原発のうち４つの原発に５回にわたり想定した地震動を超える地震が２００５年以降10年足らずの間に到来した事実をもとに、基準地震動は、複雑系科学として扱われるため、[*8]決定論的に評価され得るものではない。よって、高浜原発に限って「**基準地震動を超える地震動が到来する可能性はまず考えられない**」（関電による福井県議会委員会報告資料）とする関電の言い分は当たらないだろう。ここで、関電は、基準地震動＝平均像＋誤差と考えているようだが、その中の「誤差」の定義について原告弁護団との論争を回避した。

なお、入倉孝次郎教授は「**……基準地震動はできるだけ余裕を持って決めた方が安心だが、それは経営判断だ**」（２０１４・３・29愛媛新聞）と発言している。それは、旧い"Risk and Benefit"論に基づくものであり、後述の（３）のとおり、原子力ムラにすり寄ったものであり、科学的中立性が疑われる。

（２）また、基準地震動は、高浜原発の運転開始時に３７０ガルであったところ、関電は安全余裕があるとの理由で根本的な耐震補強工事がなされないまま、５５０ガルに引き上げ、さらに新規制基準の実施を機に７００ガルにまで引き上げた。「決定文」の34ページに「**債務者は本件原発は多重防護をはじめとする安全設計思想に立ち高度の安全性が確保されていると主張しているが、原発の耐震安全性確保の基礎となるべき基準地震動の数**

値だけを引き上げるという措置は債務者のいう安全設計思想と相容れないものと思われる」と書かれている。このように、関電が「安全余裕」を含む安全設計思想をあいまいにしているのは、杜撰な安全管理の証拠の一つではないかと、筆者は疑う。

（3）関電は、「**基準地震動の700ガルを下回る地震によって外部電源が断たれ、かつ主給水ポンプが破損し主給水が断たれるおそれがあることを自認しているところである**」（「決定文」34ページ）とし、そのような恐れが起きた場合には多重防護の考えに従って、原子炉の冷却機能を維持できるとしている。しかし、福井地裁は、関電の場合多重防護の「**第1陣**」（38ページ）である外部電源や主給水ポンプの耐震防護が「**貧弱である**」（同）として、冷却機能喪失による炉心損傷の危険性があると認めた（筆者の要約）。このことは、関電が自ら出した多重防護のためのイベントツリー解析（「決定文」36〜38ページ）の結果、重大事故に至ることがあるとしている（筆者要約）ことからも、明らかである。

関電は、耐震補強工事に要する経費を惜しんでいると思われる。

欧州における先進的な原発安全論議は、最早、関電・原子力ムラが過信しているアメリカにおける"Risk and Benefit"の旧い論理から脱皮し、倫理を基本とし、「人格権」や「環境権」を尊重している。それは、昨年（2014・5・21）の福井地裁判決でしっかりと謳われている。

理由②：「新規制基準は緩やかにすぎ、これに適合しても本件原発の安全性は確保されていない。」

「決定文」44〜45ページより引用：

「この設置変更許可をするためには、申請に係る原子炉施設が新規制基準に適合するとの専門技術的な見地からする合理的な審査を経なければならないし、新規制基準自体も合理的なものでなければならないが、その趣旨は、原子炉施設の安全性が確保されないときは、当該原子炉施設の従業員や周辺住民の身体に重大な危害を及ぼす等の深刻な災害を引き起こすおそれがあることにかんがみ、このような災害が万が一にも起こらないようにするため、原子炉施設の位置、構造及び設備の安全性につき、十分な審査を行わせることにある（最高裁判所平成4年10月29日第一小法廷判決（民集46巻7号1174頁、伊方最高裁判決）参照）。そうすると、新規制基準に求められるべき合理性とは、原発の設備が基準に適合すれば深刻な災害を引き起こすおそれが万が一にもないといえるような厳格な内容をそなえていることであると解すべきことになる。しかるに、新規制基準は緩やかにすぎ、これに適合しても本件原発の安全性は確保されていない。」

意義②：

（1）「決定文」は、上記のとおり伊方最高裁判決にしたがって、原発災害を万が一にも起こしてはならないことを基本とすることが新規制基準に求められるべき合理性である、としている。これは、十分納得できるものである。

一方、「川内再稼働容認判決」(2015・4・22)は、「**新規制基準は原子力の専門家によって十分検討されたものである**」として、「**新規制基準に適合した原発の再稼働を容認する**」とした。それは、同じく1992年の伊方原発訴訟で最高裁判決が、「**行政の専門的判断を重視する**」としたことに従ったもので、電力事業者の当面の経済的利益を優先し、住民に対して多少のリスクを容認させる選択をしたものである。原子力専門家が原発のリスクを最小限に制御できるとする前田郁勝裁判長の考えは、今なお旧い判例に従順であり、福島原発事故の教訓を無視したものと言えよう。

伊方最高裁判決の適用結果は、住民にとって、「高浜」と「川内」とでそれぞれ「勝訴」(喜び)と「敗訴」(怒り)となった。真逆の結果は、あえて司法論理の議論を避ければ、二人の裁判長の人格的資質としての正義感・倫理観の違いに依るものであろうと思われる。これは単純な情実の話ではない。

(2)安倍首相が昨年(2014年4月)にエネルギー基本計画を改訂する閣議で「**世界一厳しい基準**」と言ったそうだが、そのようなことは規制基準に書かれていないし、後述のとおり、新基準は世界水準からひどく劣っている。また、田中俊一・原子力規制委員会委員長が「川内原発再稼働」に関して「**基準の適合性を審査した。安全だということは申し上げない**」と発言したが、それは、文字どおり、基準に適合しても安全性が確保されているわけでないことを認めたことになる。

（３）決定文44ページ：「**免震重要棟についてはその設置が予定されてはいるものの、猶予期間が事実上設けられているところ、地震が人間の計画、意図とは全く無関係に起こるものである以上、かような規制方法に合理性がないことは自明である。そのため、本件原発の危険性は、原子炉設置変更許可（改正原子炉規制法43条3の8の第1項）がなされた現在に至るも改善されていない。**」さらに、決定文44ページで、「**③使用済み核燃料を堅固な施設で囲い込む、④使用済み核燃料プールの給水設備の耐震性をSクラスにするという方策をとることによってしか高浜原発の安全施設、安全技術の脆弱性を解消できない**」と指摘していることは、福島で使用済み燃料プールが水素爆発で損壊した事故を教訓としたものであり、妥当であると、筆者は考える。

筆者の調査によれば、欧州の規制基準では、テロや自然災害などがトリガーとなって重大事故が起きることを想定した上で住民や環境に被害が出ないように十分な対策をとること、および、多重防護とともにさらに多層防護の対策（重大事故の発生を想定した防災避難を含む）をとることが義務付けられている。[*9] たとえば、コアキャッチャーや二重の格納容器などが要求されているが、日本の規制基準は、それらを規定していないので、やはり「**緩やかにすぎる**」と言うのは妥当である。

まとめ

本報告では、福井地裁による「高浜原発仮処分決定」の意義について、理由を①と②に集約し、福井地裁の判決の意義は高いとする検討結果を述べた。

「高浜原発仮処分決定」があちこちの原発再稼働差止裁判闘争に及ぼす影響は、原子力ムラが巨大な権力と財源で逆転勝訴を狙ってきている中で、住民による原発をなくす運動が日ごとに盛り上がっていることに見られる。私たち住民は、すべての原発がなくなる日が来るまで、原子力ムラとたたかう覚悟である。

補足

① 国民の少なくとも過半数は、原発のない社会づくりを望んでいる。民意に反して安倍政権が進める「エネルギー基本計画」は、ドイツをはじめとする欧州における脱原発への動きに対して、明らかに逆行している。政府と原子力ムラは原発を発展途上国へ輸出しようとしている。しかし、輸入先の国々の中で福島事故の分析情報が広がるとともに、特に放射性物質による環境汚染は化学物質による環境汚染とは時空間的に格段に酷いことが知られるようになり、輸入反対運動が高まりつつある。私たちは、彼らとの連帯運動を深め強化する努力を惜しんではならない。

② 福島原発事故の後、関電の大飯原発3、4号機が2012・7〜2013・9の間運

転され、九電の川内原発1号機が2015・8に、同2号機が2015・10に再稼働された。全国的に、原発が1基も動いていない間だけでなく、原発が2機しか運転されていない間も、電力不足で、停電と大企業の倒産が起きないことが明らかになった。原発必要論は、停電問題から大企業の利益保護のためへと変化した。安倍政権による原発再稼働促進政策は、経済格差と軍事力の拡大をもたらすものであり、核エネルギーのデュアルユース（核兵器と原発の利用）論を背景にしたものであり、大多数の国民によって容認されるものではないと、言えよう。

③「原子力安全文化」というIAEAが作った原発推進の論理は、既に高木仁三郎[*10]によって、そもそも原子力ムラに「原子力安全文化」と言える文化など存在しないとして、完全に破綻させられたはずだ。しかし、原子力ムラでは、特に原子力規制委員会と原子力研究開発機構において、「原子力安全文化」を普及徹底すれば、原発を安全に制御運転できると言う思い込みから脱し切れないでいる。「原子力安全文化」や「原子力平和利用3原則（民主・自主・公開）」をいくら叫んでも、次項で述べるように、原子力災害の発生の可能性を完全には否定できないのである。

④筆者は、かねてより小さい容積で大量の熱発生をさせる原子炉は限界熱流束（伝熱材の表面積当たりの熱移動量がある限界を超えると材料が焼損する）を超え原子炉が暴走する事象は、チェルノブイリ、TMI、フクシマで見られたように、自然災害（地

制御できない巨大な外的起因力によって起こり得ると発表してきた。[*11]人為ミスなど人間が震、津波、火山噴火など）やテロ（軍事テロ、サイバーテロ）、

⑤ 発電コストは原発によるのが最も安いとか、温室効果ガスを出さない原発はクリーンであるとか、化石燃料の輸入による国費の流出損などという原子力ムラの主張に対して、廃炉と核のゴミの貯蔵・処理処分、金融・経済構造や雇用、災害時の賠償金などとの関連で経済論議を深める必要がある。

⑥ 原発・原爆の表裏一体性と平和安全法制関連2法について

今年（2015年）9月19日未明に参議院本会議で与党（自民党・公明党）は「平和安全法制関連2法」（野党のいう「戦争法」）の案を通過させ、2法は翌日（20日）に公布された。ここに、2法とは、平和安全法制整備法（これは自衛隊法など10の法律を含む）と国際平和支援法（新規制定）を指す。それらは、法案の段階で、憲法学者の大多数によって「憲法違反である」（朝日新聞デジタル、2015・7・11）と批判され、国民の過半数もその法案の成立に反対していたものである。安倍政権がその法案を強行した背景に、日米安保条約（日米軍事同盟）に基づく日米防衛協力のためのガイドラインがあり（1997年以来、見直され強化されてきた）、憲法より安保条約を優先することにあると考えられる。安倍政権は、原発の再稼働と核燃料サイクルの推進策をとりつつ同時に密かに防衛省技術研究所で核兵器保有の研究を進めてい

るように、原発と原爆が切っても切れない表裏一体性の存在を意図している。しかし、国民の大多数は、原爆の保有・使用はもちろん、原発の再稼働も容認できないとして、その存在を否定している。日本国民と世界市民の安全を補償できるためには、私たち国民は、政府に憲法を護らせ、軍事力に依存させず平和的話合いを尊重させ、原発廃炉と核兵器廃絶を実践させることが緊要である。私たちは立憲民主主義を取り戻し、「戦争法」を改廃するための新しい闘いに取組まなければならないと、訴えたい。

⑦ 現在、大多数の国民にとって緊要な議論は、いかにして原発をなくし持続可能自然エネルギーへの転換を進めるかである。全く新しいエネルギー平和社会づくりが望まれているのだ。

参考資料

＊1 只野靖、「脱原発のための闘いと今後の展望」『環境と正義』2015年6月号、pp.2-3.

＊2 井戸謙一、「高浜原発仮処分事件福井地裁決定及び川内原発仮処分事件鹿児島地裁決定によせて」『環境と正義』2015年6月号、pp.4-5.

＊3 笠原一浩、「高浜原発仮処分決定 ― 原発裁判史上はじめて、運転差止の法的効果生じる」『環境と正義』2015年7月号、pp.2-3.

＊4 日本科学者会議第46回全国定期大会決議（2015年5月30日）「福井地裁による「高浜原発3、4号機運転差止仮処分決定」を力に、原発の再稼を阻止するたたかいを強めよう」『日本の科学者』Vol.50 No.8 p.57 左下9行目～p.58 左上18行目（2015―8）

＊5 山本富士夫「原発安全神話と原子力ムラを批判し崩壊させよう」、日本科学者会議『JSAe マガジン』№.

8（2012・11）
＊6　「平成26年（ヨ）第31号　大飯原発3、4号機及び高浜原発3、4号機運転差止仮処分命令申立事件決定」（2015年4月14日：裁判長裁判官樋口英明、裁判官原島麻由、裁判官三宅由子）
上記の決定文及び要旨は、ネット上で「福井から原発を止める裁判会」と入力すれば、そのHPがヒットされ、その中からｐｄｆ版で読み出せる。
＊7　入倉孝次郎「強震動予測レシピ」ＰＤＦ版（入倉孝二郎研究所）
＊8　岡田義光、纐纈一起、島崎邦彦「［座談会］地震の予測と対策：「想定」をどのように活かすのか」『科学』2012年6月号
＊9　福岡核問題研究会「原子力規制世界最高水準という虚言の批判　—　世界一楽観的な進展シナリオに沿った、世界一奇妙な評価」（Ａ4版1—19ページ）2014年12月4日
＊10　高木仁三郎、「原発事故はなぜくりかえすのか」岩波新書（新赤版）703第10刷、2011
＊11　山本富士夫、「福島原発災害の教訓と福井の原発問題」『福井の科学者』No115、pp.1-9（2011・5）。

資料3―A

原発即時ゼロと持続可能なエネルギー需給へのシフトを求める

2011年3月の東京電力福島第一原発事故は、地震・津波による単なる自然災害ではない。多数の「想定外」を持ち込んだ原子炉安全基準、不十分な避難計画・防災計画、未策定の被害者救済制度、環境基本法や環境アセスメントから放射線関係の除外などの、権力による原発推進政策が招いた災害である。政府の「収束宣言」とは逆に、福島第一原発では核燃料の取り出しはおろか、汚染水漏れ・汚染物質の排出停止もできず深刻な事態にある。今なお多くの住民が避難を強いられ、広範囲の住民、多くの産業に被害をもたらしている。しかし、政府と東京電力は被害補償を値切り、過去の多くの公害健康被害と同じようにその解決を先送りしようとしている。

加えて日本政府は、2014年4月に新しい「エネルギー基本計画」を閣議決定した。原発と石炭火力を「ベースロード電源」と位置づけ、原発と石炭火力発電施設輸出を進め、核燃料サイクルも推進するとしている。福島原発事故を反省せず、企業や国民に芽生えた省エネ・自然エネルギー普及に背を向け、大量エネルギー消費社会の維持を図るものと言える。また政府は、気候変動対策についても、温室効果ガス排出目標を1990年比3％増加に変更した。いずれも将来世代への環境・エネルギー・安全の責任を放棄したもので、脱原発、持続可能な低炭素社会、それに向けた産業・雇用創出、地域発展の展望もない。「エネルギー基本計画」を白紙に戻し、全面的な再検討を行う必要がある。

原発は事故が起きれば、今回福島第一原発事故で経験したような長期間かつ広範囲の被害をもたらす。事故がなくても、原発から発生する放射性廃棄物を十万年以上保管する必要がある。プルサーマル利用や核燃料サイクルのもたらす危険性は言うまでもない。さらに原発と核兵器は、技術的にも政治的にも緊密な関係がある。安全で平和な原発開発はない。こうした問題のある原発は再稼働することなく即時廃止すべきである。

エネルギーのうち化石燃料は枯渇性の資源であり、その環境負荷には、気候変動、大気汚染などがある。これらの負荷の大幅削減は世界史的課題である。気候変動の悪影響を最小化する目安である締約国会議の合意「産業革命前からの地表平均温度上昇2℃以内」を実現するためには、IPCC（気候変動に関する政府間パネル）第5次報告のとおり、世界の温室効果ガスを2050年に40～70％削減し、今世紀末には世界のエネルギー起源CO2排出をほぼゼロにする必要がある。先進国の一員である日本は、先行して取り組む責務がある。

省エネとエネルギー効率改善、再生可能エネルギー普及を今から推進し、大量生産・大量消費社会からの脱却を計画すれば、原発即時ゼロでかつ今世紀中に世界で脱化石燃料という道は、原発や炭素貯留に頼らずに、技術的に可能である。また、この対策は化石燃料費を削減し、対策のための産業と雇用を創出し、豊かな地域社会の将来を展望するものでもある。世界でも日本でも、それを実現する政治の意思と政策の導入が求められる。

原発即時ゼロ・持続可能な低炭素社会への道は、自然科学者や技術者だけで設計するものではない。国民の意思決定を支える知見を結集すべく、日本科学者会議は、自然・社会・人文科学のすべての研究者が共に、原発ゼロ・持続可能な低炭素社会、さらには脱化石燃料社会への政策・対策を積極的に提言するものである。

２０１４年5月25日　日本科学者会議第45回定期大会

資料３―Ｂ

福井地裁による「高浜原発３、４号機運転差止仮処分決定」を力に、原発の再稼働を阻止するたたかいを強めよう

去る４月14日、福井地方裁判所は、原告９名が訴えた高浜原発３、４号機運転差止仮処分命令申立事件について、「高浜発電所３号機及び４号機の原子炉を運転してはならない」という判断をした。この仮処分判決はただちに発効した。被告である関西電力は、ただちにその執行停止を申立てたものの、５月18日に却下された。また、昨年５月の福井地裁２０１４年５月21日判決は、人格権に基づいて、関西電力大飯原子力発電所の運転を差止める判決を出した。

いずれも、原子炉の安全審査の目的を、当該原子炉施設の従業員やその周辺住民等の生命、身体への重大な危害や周辺の環境の放射能による汚染など、深刻な災害が、「万が一にも起こらないようにするため」のものであるとした、最高裁第１小法廷１９９２年10月29日（伊方原子炉設置許可処分取消請求事件）に依拠したものであり、人間およびその社

会に対して破滅的なリスクをともなう原子力発電所の安全審査のあり方についての合理的判断であると評価できる。

この４月の判決は、高浜３、４号機の安全対策が２０１３年７月８日の新規制基準に適合しているとして２０１５年２月12日に原子力規制委員会が決定した「審査書」に対するものである。そこでは、「新規制基準は緩やかにすぎ、これに適合しても本件原発の安全性は確保されていない」と断じた。とくに、基準地震動について、「各地の原発敷地外に幾たびか到来した激しい地震や各地の原発敷地に５回にわたり到来した基準地震動を超える地震が高浜原発には到来しないというのは根拠に乏しい楽観的見通しにしかすぎない」として、「本件原発の地震想定だけが信頼に値するという根拠は見い出せない」として、「万一の事故に備えなければならない原子力発電所の基準地震動を地震の平均像を基に策定することに合理性は見い出し難い」とする適切な判断をした。また、「原子力規制委員会委員長の『基準の適合性を審査した。安全だということは申し上げない。』という川内原発に関しての発言は、……文字どおり基準に適合しても安全性が確保されているわけではないことを認めたにほかならないと解される」としたうえで、「債権者らの人格権侵害の具体的危険性が肯定できる」としたことは、高く評価できる。

多重防護による安全性確保に関する関西電力のイベントツリーによる対策についても、福島原発事故における政府および国会の事故調査委員会の報告を踏まえて、過酷事故時の複合したイベントの把握が困難であり、かりに把握できても迅速・適切な対策がとれないと、その不備を具体的に明らかにした。

日本科学者会議は、２０１２年の第43回定期大会決議で、「原発のない社会を実現するために国民的共同を進めよう」と決議した。その後、私たちは、福井での原発裁判にとどまらずすべての原発裁判に勝利するために、法廷で科学的根拠を提供しつつ住民側原告を支援し、同時に良識ある裁判官たちを激励してきた。日本科学者会議は、その総合的で民主的な学術団体としての特性を発揮して、原発の再稼働を阻止し、原発のない社会を実現させるために、大多数の国民・世界市民と連帯して、原発利益共同体とのたたかいを強めていく。

日本政府・電力会社は、こうした裁判所の決定や科学者の指摘に謙虚に向きあい、原発再稼働を断念し、廃炉と放射性廃棄物対策に全力をあげるよう、求める。

２０１５年５月31日　日本科学者会議第46回定期大会

編集後記

『日本の科学者』編集委員会が「原発を作らせなかった地域シリーズ」の連載を始めたのは『日本の科学者』2014年11月号からでした。きっかけは2014年3月号の飯田克平氏による石川県での闘いのレビュー論文（本書掲載）であり、編集委員会はこの論究を継承して、原発立地を断念させた全国での運動を取り上げていこうと企画しました。当時運動を担ってきた方々も高齢化し、今すぐにも聞き取りや執筆をお願いしなければということで、当該地域所在の日本科学者会議・都道府県支部に執筆を依頼しました。適任の方々からの原稿をはじめ、闘いの中心になった方々が亡くなられたり、高齢化する中で、当該の支部が運動を振り返り、聞き書きや過去の資料を振り返るなど時間をかけた調査研究によってシリーズが続いてきました。

本書では、これらの8編のほか、先駆的といえる関西研究用原子炉設置反対の運動と現在進行形といえる上関の状況についてもここに収録しました。各執筆者の方々には最新の状況も含め加筆いただきました。

資料には民間研究者の方による宮城県周辺の放射線汚染分布に関する労作と、福井地裁の画期的判決の意義について、山本富士夫氏に新たに執筆いただいたものを掲載しました。また、関連の日本科学者会議の大会決議も掲載しました。

原発を阻止した地域の闘いについて、このように数多く系統的に取り上げた本書は類書のないものと自負しています。本書が原発再稼働を阻止し、原発をなくす運動になんらかの寄与をすることを願っています。

牛田　憲行（『日本の科学者』前編集委員長）

筆者紹介

柴原洋一（しばはら・よういち）
1953年生。元高校教員。南島町闘争本部が組織した県民団体「脱原発みえネットワーク」の事務局長を務めた。現在「原発おことわり三重の会」会員。伊勢市在住。

服部敏彦（はっとり・としひこ）
1936年生。京都大学大学院中退　理学博士　徳島大学名誉教授　専門は素粒子論

飯田克平（いいだ・かっぺい）
1931年生。日本科学者会議石川支部常任幹事。元金沢大学教員、志賀原発に反対する全県的組織に支部を代表して参加し地元の方とともに代表を務めた。

山本謙治（やまもと・けんじ）
1947年生。日本科学者会議・関西技術者研究者懇談会。原発をなくそう茨城市民の会事務局長

増山博行（ましやま・ひろゆき）
1947年生。京都大学大学院理学研究科修了。理学博士。山口大学名誉教授。日本科学者会議山口支部会員。専門：物性物理学。

磯部　作（いそべ・つくる）
1949年生。岡山大学法文学専攻科修了。元日本福祉大学教授。放送大学（非）。日本科学者会議瀬戸内委員長、専門は地理学で、沿岸域の魚洋や公害・環境問題など調査研究

佐藤　誠（さとう・まこと）
1939年生。早稲田大学第一文学部史学科中退。日本共産党宮崎県・串間原発対策委員会責任者として反対運動に携わる。現・宮崎県革新懇事務局長

岩田　裕（いわた・ひろし）
1938年生。1967年神戸大学大学院博士課程単位取得、退学。2002年高知大学名誉教授。2004年『環境対策』（南の風社）共編著。専門：経済学。現・日本科学者会議高知支部事務局長

石井克一（いしい・かついち）
1950年生。大阪大学理学部物理学科卒
元高校教員　青谷原発設置反対の会事務局長

横山　光（よこやま・ひかる）
1952年生。鳥取大学教育学部卒
元小学校教諭　青谷原発設置反対の会事務局員

八木俊彦（やぎ・としひこ）
1941年生。北海道大学農学部卒
元大学教員　日本科学者会議会員・鳥取支部

中嶌哲演（なかじま・てつえん）
1942年生。明通寺住職。原発設置反対小浜市民の会（元）事務局長。
『いのちか原発か』共著（風媒社）ほか

南部拓未（なんぶ・たくみ）
1983年生。静岡大学大学院理学研究科地球科学専攻修了
高校教諭　日本科学者会議会員・宮城支部

山本富士夫（やまもと・ふじお）
1940年生。福井大学名誉教授・工学博士、専門＝流体力学・エネルギー変換工学・機械工学

原発を阻止した地域の闘い

第一集

2015年11月19日　第一刷発行

編　者　日本科学者会議
発行者　比留川　洋
発行所　株式会社　本の泉社
〒113-0033　東京都文京区本郷2-25-6
TEL.03-5800-8494　FAX.03-5800-5353
印　刷　新日本印刷株式会社
製　本　株式会社村上製本所

ISBN 978-4-7807-1249-0 C0036 ¥1400E
※落丁本・乱丁本は小社でお取替えします。
※定価は表紙に表示してあります。

地震と津波
——メカニズムと備え

日本科学者会議：編

《執筆者》
牛田 憲行／山崎 文人／古本 宗充／鷺谷 威／
鈴木 康弘／都司 嘉宣／立石 雅昭／
千代崎 一夫・山下 千佳

地震と津波、防災について、これまでの成果を第一線の研究者たちが総合的にまとめた、他に類書のない待望の書です。
家庭・地域・行政などでの「災害対策」に、ぜひお役立てください。

四六判並製・232 ページ
定価：1429 円（＋税）
ISBN：978-4-7807-0653-6

病む現代文明を超えて持続可能な文明へ

落合栄一郎：著

人類は、アメリカ主導のグローバル化文明から脱出しない限り、文明自体を持続できない。本書は、現代アメリカ社会の病弊を診断し、このことを検証するとともに、持続可能な文明社会の骨格を提示した、意欲的好書である。
日本科学者会議　21 世紀社会論研究委員会
松川康夫

A5 判並製・296 ページ
定価：1800 円（＋税）
ISBN：978-4-7807-0952-0

東京都文京区本郷 2-25-6-1F
http://honnoizumi.co.jp/
本の泉社
TEL：03-5800-8494
FAX：03-5800-5353